CIA 失敗の研究

落合浩太郎

JN227584

文春新書
445

まえがき

「この世界ほど、映画や小説と現実がかけ離れているものはない」

課報機関関係者は、こう口を揃える。たしかにひとむかし前の諜報機関をあらわす決まり文句といえば「外套と短剣」(Cloak and Dagger)、つまり短剣をコートに隠した暗殺者のイメージだった。

しかし、これはもはや時代遅れだ。

諜報機関の仕事は幅広い。その任務は「情報収集」「分析」「秘密作戦」「防諜」の四つに大別され、日本人の多くがイメージするスパイ(人的諜報)活動も、「情報収集」の一手段に過ぎない。そしてCIAがアメリカ唯一の諜報機関であるかのようなイメージも間違いで、十五も存在する。

現在のCIAでは暗殺は原則的に禁止され、大統領の決定(finding)として文書化された場合のみ認められている。九・一一の首謀者オサマ・ビンラディンについては、同時テロ発生に遡ること三年前の一九九八年春にクリントン大統領が承認し、ブッシュ大統領も同様の命令を下したため、未だに暗殺対象になっているだけだ。

もう一つ、日本人になじみのないことがある。それは、「情報」(information)と「諜報」(intelligence)の違いである。「情報」が生のデータであるのに対して、「諜報」はそれを分析(選別・検証・加工)したものを指すことが多い。合法的な手段で得られたのが「情報」で、スパイなど違法に入手したものが「諜報」と定義されることもある(本書では適宜使い分ける)。CIAの正式名称はCentral Intelligence Agencyで、正確には「中央諜報局」と訳すべきだが、「中央情報局」が定訳となっている。ここにも、諜報と情報を区別しない日本の慣習が反映されている。日本の公安調査庁も二〇〇三年に英語表記をPublic Security Intelligence Agencyに変更した(それまではPublic Security Investigation Agency)ように、諜報機関を名乗っている。

しかし、CIAがアメリカの諜報機関を代表する存在であることは事実である。

アメリカ大統領は日曜を除く毎朝、「大統領報告日報」(Presidential〔President's〕Daily Brief)をCIAから受け取る。ルーズリーフ型ノートで、十前後の項目、二十ページ程度。ブッシュ政権では副大統領、国務長官、国防長官、安全保障担当補佐官など、十名程度の最高首脳しか読めない。

ＣＩＡ本部はバージニア州のラングレーと呼ばれるところ（実はこの地名は存在しない）にある。高速道路を下りると撮影禁止の掲示があり、内部はもちろん外観や周囲すら写真が公開されることはほとんどない。ポトマック川西岸の高い尾根に立ち、壁はかえでと松で覆われ、フェンスは鎖で囲まれ、武装した警備員が警戒し、カメラも監視している。

本部前には、イギリスとの独立戦争で捕虜となって処刑される際に「私は祖国のために捧げる命が一つしかないのを残念に思う」との有名な言葉を残したネイザン・ヘイルの銅像がある。一階ホールの礎石には「真実を知るべし。真実は汝を自由にする」（“And ye shall know the truth, and the truth shall make you free”）という聖書の言葉が刻まれている。

本部の壁には一九四七年の発足以来、「戦死」した局員の数を示す八十五の星がある。協力した情報提供者（エージェント）に危険が及ぶのを防ぐため、原則として氏名は公表されず、死亡年と星だけが刻まれている。主だったところでも、一九七五年にギリシア、八五年にレバノンで支局長が殺害された。レバノンでは八三年にもアメリカ大使館が自爆テロにあい、会議中の四名のＣＩＡ局員が死んでいる。八八年のリビアによるパンナム機爆破事件では三人の中東支局員が犠牲となり、九三年にはラングレーの本部前で一名が射殺された。一九八〇年代までの冷戦期には中東のテロリストによる犯行が多く、映画や小説とは異なり、主敵であるソ連の諜報機関ＫＧＢとは、互いに殺害や誘拐はしないとの不文律があったのだ。

最近では、アフガニスタン戦争の最中の二〇〇一年十一月、捕虜の尋問中に暴動が起きて一名が殺害された。〇三年二月には訓練中に死亡事故が起こり、十月にはテロリストの追跡中に二名が死亡している。一連の「対テロ戦争」でのこの四人の死者については、家族も了承し、機密や作戦の内容が明らかになることはないとの判断の下、氏名が公表された。

ＣＩＡで氏名が公表されているのは、長官をはじめとする一握りの幹部クラスだけである（イスラエルは、最近まで長官の名前すら秘密にされていた）。特に工作員（ケース・オフィサー）は諜報関係身元保護法で秘密が守られており、局内でもファースト・ネームだけで通すのが原則だ。意図的に工作員の身元を明かした場合には最高刑は懲役十年の重罪が科せられる（ただし、一九八二年の制定以来、実際に有罪となった者はいない）。

同様に、予算や職員数も公表されていないが、二〇〇一年の同時テロ前で、三十億ドル（三千億円）、一万七千人と見られている。現在は四十億ドル、二万人規模である。ちなみに、日本では防衛庁（情報本部）、公安調査庁、内閣（情報調査室）、警察庁、外務省（国際情報統括官）に情報機関が存在するが、最大の防衛庁情報本部でも千八百人で予算は二百六十億円。五つの総額でも、アメリカの諜報機関の予算総額（四百億ドル）と比べても二桁少ない。

当然ながらＣＩＡはメディアへの露出も少ない。二〇〇四年二月にテネット長官（当時）がジョージタウン大学で講演を行ったが、公の場に登場したのは九カ月ぶりだった。ジャーナリストも本部へ容易には入れない。広報官による記者会見はあるが、それ以外は局としても取材に応じない。捜査官がロゴの入ったジャンパーを着て身分を隠さず、民間人を対象にした本部見学ツアーまで開催しているFBI(連邦捜査局)とは対照的だ。しかし、ジャック・ライアンのシリーズで有名な小説家トム・クランシーなど、CIAに好意的な者には積極的に情報提供を行い、ハリウッド(映画産業)との連絡担当者も置いて、イメージアップを図っている。

CIA局員は退職時に「在職中の秘密活動については一切明らかにしない」との誓約書にサインする。そのため内情はなかなか伝わらない。ロバート・ベアーの『CIAは何をしていた?』を読めば分かるが、退職後の書物でも一種の検閲を受けて、機密部分は黒塗りか削除の上で出版される。公式に監査を免除された唯一の政府機関とされているのも、こういったエピソードを耳にすれば頷ける。

こういった秘密主義によって、CIAの神秘性を高めていった。それが「万能」というイメージにつながり、敵や協力者に対する優位性につながるという利点もある。しかし、エイズが「現代の奇病」として登場した際には、ソ連(KGB)はCIAが作った病気だとの偽情報を流す、ディスインフォメーションを行い、一時的には世界中で信じられた。

そもそも、CIAは真珠湾奇襲の反省から作られた組織である。しかし、一九四七年に制定された国家安全保障法は、CIA長官を兼務する情報長官（DCI）に明示的な権限を与えず、文言の上はあいまいにしていた。そのため、国防長官が予算の八五％を掌握しただけでなく、国防情報局（DIA）はもちろん、国家安全保障局（NSA）、国家偵察局（NRO）、国家地球空間情報局（NGA）の人事権まで握り、当初の期待に反して情報長官は名ばかりの存在になった。CIAとFBIの協力は繰り返し叫ばれてきたが、依然として進まないのも、FBIは情報長官ではなく、司法長官の意向に従うためでもある。

一九六一年にはDIAが発足した。陸海空、それに海兵隊の四軍がそれぞれに都合のよい、つまり予算や発言力を拡大するような情報や分析を出してくるために、国防総省として統合された諜報機関が必要になったためだ。四軍の中で最も規模と発言力が大きく、かつ現状に肯定的な陸軍は反対したが、他の三軍は好機と見て積極的だった。発足から四十年経過してもDIAは「まとまりのない」組織だと、『ワシントン・ポスト』のボブ・ウッドワードは評している。

海軍大将からCIA長官（一九七七〜八一年）になったターナー提督も回顧録で述べている。DIA発足にあたって人員を供出した四軍の諜報部門は定員を削減された。各軍共に最高の人材は自らの諜報部門に温存した。四年もたたないうちに、四軍の諜報部門は以前の規模に戻り、優秀な人材を引きつけた。軍人にとっては、昇進のチャンスが多くなる自らの所属する軍の諜報部門に配属されたいのが本音である。結局、DIAは国防総省に都合のよい情報を上げる機関にしかならなかった。

一九五二年のNSAの発足に際しても、当初は軍が従来の権限を奪われると反対した。一九四〇年にアメリカの陸軍と海軍の暗号解読チームは、課報機関の縄張り意識を象徴する例としてよく引き合いに出される奇妙な合意をしている。偶数日には陸軍、奇数日には海軍が日本の暗号の解読作業を行うというのだ。大統領への説明も毎月交代で行った。NSAの発足でこのような不合理な状況は十二年かけてやっと解消された。

以上の例が示す通り、アメリカの諜報機関の歴史は、縄張り争いと機構改革失敗の連続で、結局は「機構いじり」に終わる。官僚は権限・予算・情報を握ることで、自身と所属する機関の権力を維持・拡大しようとする習性がある。情報が何より重要な諜報機関は特に顕著になる。

本書では、九・一一に至る失敗の歴史を検証しつつ、その問題の在り処を提示したいと思っている。ただ、「諜報に失敗はつきものである」という諜報機関の宿命を常に念頭に置かなければならない。後知恵は厳に慎むべきだ。また「失敗は喧伝され、成功は語られない」ともいうように、過小評価されがちなことも事実である。「諜報に成功はない。あるのは政治の成功と諜報の失敗である」とは、政治家の責任転嫁の犠牲になってきた歴史をうけた言葉といえよう。

「CIA 失敗の研究」目次

Ⅰ章　アメリカ諜報機関の実像

（1）ＣＩＡは何をしているのか

工作員の正体

ＣＩＡは機能の面から、四つの部門で構成されている。作戦（工作）本部（ＤＯ：Directorate of Operations）、情報本部（ＤＩ：Directorate of Intelligence）、科学技術本部（Directorate of Science and Technology）、管理本部（Directorate of Administration）である。

なかでも主流意識が強いのは、いわゆるスパイ活動を行う作戦本部で、これまでに二名の長官を輩出している。しかし人員は全体の二〇％に過ぎず、同時テロ前で三千人、現在は四千五百人と見られている（もっと多いとの声もある）。工作員（オフィサー）が千五百人で、うち百五十人が準軍事部隊である。つまり、純粋な工作員は海外に千二百人しかおらず、FBIニューヨーク支局の捜査官よりも少ない。

映画や小説とは違い、CIA局員が自らスパイ（情報収集）活動に従事することは基本的にない。ケース・オフィサー（CIAではオペレーションズ・オフィサーと言う。作戦担当官、工作員）として情報提供者（エージェント、隠語で資産〔アセット〕、主に外国人）をリクルートし、彼または彼女を使って情報を入手する（盗む）。ケース・オフィサーは銃撃の訓練を受けるが、強盗の危険のある途上国を除くと、銃の携帯さえしない。映画『スパイ・ゲーム』のブラッド・ピットのような良心の呵責に悩む内省的なイメージとは対照的に、休憩時間をどうやって出世するかという議論で費やす者が多いと、作戦本部出身の女性は退職後の著書で明らかにしている。

ボブ・ウッドワード『攻撃計画』によると、二〇〇三年のイラク戦争に際し、CIAは開戦前に潜入し、数百万ドル（数億円）を費やして反体制クルド人を懐柔した。当然ながら現金でばらまかれたが、百ドル札一万枚でも、その重さは二十キロになる。現地には最高額の百ドル札ばかりが出回り、コーヒー一杯の相場が百ドルとなった。

ちなみに、エージェントの報酬は、国や重要度によって異なるが、通常は月あるいは一回の情報提供で数百ドル（数万円）程度らしい。自ら志願（通称「ウォーク・イン」）してソ連（ロシア）への情報提供者となったCIA最大の裏切り者であるエームズは、最初に五万ドルを受け取り、その後は二百万ドル（二億円）の口座を与えられている。二〇〇三年のイラク戦争直前にリクルートされた元イラク情報部員は月三千ドルで雇われた、と『タイム』は報じている。

万一の情報漏れに備えてエージェントは暗号で呼ばれ、情報伝達のツールとして水溶性のノートが用いられることもある。エージェントが希望した場合には逮捕された際の自殺用カプセルも支給できるが、要請を三回は拒否し、それでも本人が望んだ場合にのみ認める規則となっている。現在は長官の承認が必要だが、かつては勝手にエージェントがサインをしていた「のどかな」時代もあった。

ＣＩＡは世界のほとんどの国に支局を持っており、例外はイギリス、カナダ、オーストラリアだと言われている。この三カ国はニュージーランドと共にエシュロンを共同運用するパートナーであるため、諜報の必要がないというのだ。ただ、北朝鮮に支局があるという話は聞いたことがない。日本は日米安全保障条約による同盟国ではあるが、「友好的な諜報機関は存在しない。あるのは友好国の諜報機関だけだ」というのが世界の常識である。

支局の規模は、アフリカなどの小国の「ワンマン・オフィス」から、東京やローマのような数十人とも百人とも言われる大きなものまで様々だ。二〇〇三年の戦争まで支局すらなかったバグダッドの人員はいまや五百人と、ベトナム戦争中のサイゴン支局以来の規模となっている。

諜報機関であるがゆえに、ＣＩＡの名刺を持って、身分を公言する者は最高幹部を除いていない（この点は日本の自衛官も同様で、情報本部勤務になると名刺を持たない）。海外に駐在する場合にも身分を偽装するが、大別して外交官や軍人（「オフィシャル・カバー」、ＯＣＳ）と民間人（「ノン・オフィシャル・カバー」、ＮＯＣＳ）の二種類がある。前者は外交官特権もあって逮捕される心配もなく安全ではある一方、政府関係者であるためテロリストなどには警戒されて近づけない。そして、駐在国の諜報機関に偽装がたやすく見破られてしまう欠点はあるが、反面アメリカに好意的な人を協力者にしやすい。

後者は孤独で危険だが、相手の警戒心は小さくなる。具体的にはビジネスマン、ジャーナリスト、学生などに身分を偽装する（ただ、現在、ジャーナリストへの偽装は公式には禁じられている）。偽装の度合いも様々で、経歴や趣味まで偽装する「ディープ・カバー」の場合には「ストーリー」作りに数年も要する。

工作員の正体が明らかになると、友好国なら国外退去で済むが、国交がない国だと悲劇が起きる。国交樹立以前の一九五一年、中国でイギリスの商社員に偽装したことが発覚して逮捕されたＣＩＡのヒュー・レドモンドは、十九年間を獄中で過ごした。この獄中生活に終止符を打ったのは、彼が死亡したからだった。

ＯＣＳとＮＯＣＳの比率は不明で、一九八〇年代半ばにはＮＯＣＳはＣＩＡ全体でわずか十三人だったという話もあるが、一九九〇年代半ばのフランスの報道によると、当時のパリ支局ではOCSが五十名、NOCSが三十名だった。その頃、CIAには百十人のNOCSがおり、フォードやIBM等の大企業の社員に偽装していたという。

作戦本部員は妻にだけ真実を伝え、親であろうと他の家族には「政府関係の仕事」とだけ話し、CIAで働いていることさえ隠すというパターンが多い。退職後も在職したことは原則として秘密にされ、CIAは一切の照会に応じない。そのため、転職する際にも、履歴書に勤務先としてCIAを記載することはない。CIA局員は外国人と結婚するには、事前に許可が必要で、その条件も、相手がアメリカに帰化し、自動的に二人がアメリカに五年間は留まることとなっている。

CIA東京支局

CIA東京支局では、軍人を中心に、外交官、民間人に偽装して、ピーク（冷戦）時には百人、現在は五十〜六十人らしい。東京支局長はアメリカ大使館の参事官（大使、公使に次ぐポスト）の一人とされる。ちなみに、FBI東京支局の捜査官は二名で、支局長は日本の新聞にも登場して、顔と名前を公開している。

二〇〇二年に小泉首相が北朝鮮を訪問した直後、首相官邸にCIA東京支局長の女性がアポなしで乗り込み、「なぜ核開発問題でもっと踏み込まなかったのか」と詰め寄ったと報道された。ＣＩＡは、日本のカウンターパートである内閣情報調査室や公安調査庁と情報交換を行って、日本政府関係者を対象にした研修も実施している。その限りでは友好関係にあるが、こんなエピソードも伝えられている。一九八八年に、ＣＩＡのいくつかの失敗によってＮＯＣＳの正体を公安調査庁に把握され、彼らの自宅とオフィスから通信機器などが消えた。これが警告であることを理解して、少なくとも十名のＮＯＣＳが帰国したが、なかには十五年も日本で活動していた大ベテランもいたという。

ＣＩＡと日本の関わりが大きな話題となった最近の事件は以下の三つがあるが、真相はうやむやに終わった（ただ、春名幹男氏の『秘密のファイル　ＣＩＡの対日工作』などによると、いずれも事実であるという。同書は一九六〇年代にＣＩＡが反米派の社会党議員の選挙を妨害して落選させたとも述べている）。

一九九四年に『ニューヨーク・タイムズ』は、自民党が一九五〇〜六〇年代にかけて、ＣＩＡから資金援助を受けていたと報じた。自民党の河野洋平総裁はそのような事実はないと主張した。同じ記事でソ連から資金援助を受けていたと報じられた社会党の村山富市委員長も同様に否定している。

翌九五年には、ＣＩＡが一九八〇年代に自民党と社会党の国会議員に報酬を渡して、情報収集をしていた、と報じられた。最大の関心事は首相の動向で、歴代政権に情報提供者を確保し、彼らに地位に応じて月十〜二十五万円を渡したという。もちろん、自民党も社会党もそんな事実はないと否定した。ちなみに、公式にCIA長官と会談した首相は橋本龍太郎だけである。

同年には、日米自動車交渉において、CIAはNSA（国家安全保障局）と共に、日本の官僚や自動車メーカーの幹部の会話を盗聴してアメリカ代表団に伝えていたと、『ニューヨーク・タイムズ』が報じた。アメリカ政府は否定したが、以前から行われていたとする日本政府関係者の証言もある。日本政府はフランスやドイツに比べて穏やかな対応をして、大きな問題にはならなかった。

求ム、「大卒、三〜五年の錠前屋経験者」

ではCIAの人材面に目を移す。

初年度の年俸は四万五千〜六万ドルだというが、彼らの多くは一流大学卒業生なので、弁護士事務所や金融機関に就職すれば年俸は二倍になる。退職後もCIAの三倍の報酬で民間企業から保安担当者などの求人がある。一九九四年に逮捕された裏切り者・エームズは五十代前半で七万ドル（七百万円）だった。好況の一九九〇年代には高給を求めて民間企業へ転職する者も多かったが、同時テロ後は反対に減収を承知で民間から転職してくる者も増えた。

以前ほどではないものの、CIAにはアイビーリーグ、特に〝HYP〟と呼ばれるハーバード、イェール、プリンストン大学の出身者が多い。特に歴代長官はアイビーリーグ出身のWASP（白人、アングロサクソン、プロテスタント）が多く、ギリシア移民の子であるテネット前長官は例外である。新卒を採用する場合、一流大学出身者をリクルート（勧誘）し、自薦の志願者と共に、再三にわたる面接、調査、筆記試験、嘘発見器による検査でふるいにかける。作戦本部の中途採用は軍隊と警官出身者が多い。CIAのホームページでは、採用過程（クリアランス・プロセス）について、健康診断に加えて、アメリカへの忠誠心、性格の強さ、信頼性、正直さ、分別、健全な判断能力が試されるとしている。応募から採用までに要する期間は、特に身辺調査を念入りに行うため、二カ月から一年以上にわたる。特に外国諜報機関が浸透することに神経を使うため、外国人の友人リストも提出しなければならない。同時テロ後の愛国心の盛り上がりによって、志願者はそれまでの三倍に急増したが、主に嘘発見器でひっかかり、身辺調査や麻薬検査を含むセキュリティ・クリアランスで三分の二が不合格となる。麻薬使用者（最近使用者や常用者。a recent or frequent user）や前科者は採用されない。過去の「裏切り者」（モグラ）を見ても、異性関係の乱れ、同性愛、麻薬、アルコール依存症などは、敵に取り込まれる原因となるので、これらは厳重に調べられているはずだ。

採用後は「ザ・ファーム」（農場）と呼ばれる研修所で訓練を受けるが、ここは国防総省の施設という建前で、ＣＩＡの看板はない。教官には一線を退いた伝説のオフィサーもいるが、アルコール依存症などで左遷された者も多い。研修所に在籍した者の実名リストをロシアに売った職員もいたため、現在は教官も新人のファースト・ネームしか知らされていない。

研修カリキュラムは多岐にわたる。体力強化、飛行機からの落下、敵から逃げるための自動車運転テクニック、オフィサー（工作員）になるためのエージェント（情報提供者）のリクルート（勧誘）、尾行とその対策、銃や爆発物の扱い、郵便や荷物の開封、不法侵入のためのドア・窓・金庫などのあけ方などもある。破壊や妨害（サボタージュ）の訓練は高地のロッキー山脈やパナマのジャングルで行われる。一人あたりの教育費用は四十五万ドルという。同時テロ後に採用された最初の新人の「ザ・ファーム」での研修が二〇〇三年六月に終わった。彼らの平均年齢は二十九歳、三分の一が女性、少数民族（マイノリティ）は一二%、四分の三は外国語ができる。オフィサーとしての研修には一年、外国語教育が必要ならさらに二年かかる。

同時テロ後に噴出したＣＩＡ批判の一つに語学や外国文化を軽視しているというものがあったが、アメリカ国内での外国語教育の軽視への懸念は、ＣＩＡだけの問題にとどまらない。世界中の人が英語を〝世界の公用語〟であるかのように認識してきた傾向が裏目に出た。数年前には、全米の大学でアラビア語専攻の卒業生が年間十人程度に過ぎないとの信じがたい記事もあった。イラク大量破壊兵器捜索チームのケイ団長も、「(十万人以上いる)諜報機関でアラビア語ができるのは百人以下だ」と二〇〇四年一月に議会で指摘している。

CIAのホームページ(http://www.cia.gov)には、募集している職種がリストアップされている。二〇〇三年五月の時点では、弁護士、地図製作者、異文化心理学者、地理学者、早期幼児教育者、グラフィック・デザイナー、リーダーシップ教育トレーナー、マルチメディア・デザイナー、看護婦、医者、嘘発見器検査官、精神科医、秘書、ビデオ製作者、不動産担当者など様々だ。語学関係では、外国語教育者、中東関連、朝鮮語、アナリストでは、中国、中東、対テロ、経済、財務分野の求人がある。

二〇〇三年六月、CIAが出した一つの求人情報が、密かな話題となった。それは、「錠前屋として三~五年の経験を持つ、大卒のアメリカ市民」という条件である。諜報に詳しいジャーナリストのロナルド・ケッスラーによると、CIAは外国大使館への侵入を専門にする部門を持っている。一九九六年に解雇されたことを逆恨みしてCIAを恐喝した職員であるグロウトは、元警官としての経歴を買われて採用されたのだったが、九年間に六十回の作戦に従事し、六つの大使館への侵入に成功した。誰も捕まることはなく、ほとんど毎回、暗号コードを入手できたという。

マネー・ロンダリングからプロファイリングまで

組織上、CIAには四つの本部がある。

一九九〇年代に台頭したのが情報本部である。二千人のアナリスト（分析官）を抱えるこの組織は、十三代長官ゲーツを輩出して、作戦本部を脅かす存在になった。作戦本部がカウボーイ・タイプなら、こちらは一流の大学院を出た学者タイプの集まり。そして、作戦本部に対するライバル意識も強い。その強い自意識の一方で、彼らは民間の研究者に比べて海外経験に乏しく、多忙なためもあって知識やトレーニングが不足がちだという。孤立した存在のため、外部からの刺激が少ないという批判もある。

アナリストは作戦本部や他の諜報機関が収集した情報だけに依存しているのではない。実際には、OSINT（Open Source Intelligence）と呼ばれる、テレビ、ラジオ、新聞、雑誌、書籍等の公開情報（に基づく諜報）が九〇％をも占めている。

かつては世界最先端の技術力を誇り、アメリカの安全保障に貢献していたのが、科学技術本部である。U2偵察機がその技術力の象徴であったが、いまや技術のフロンティアはラングレーからシリコンバレーに移った。科学技術本部にかつての花形の面影はない。一九九五年に本部長に就任したデビッド博士は、彼女のデスクトップ・コンピューターがインターネットに接続できないことに驚いたほどである。

この科学技術本部には苦い歴史がある。宿敵ソ連のKGBに対抗して、一九七〇年代から超能力の研究を行い、この成果によって工作員の潜入や情報提供者の獲得が困難なイラン、リビア、北朝鮮等の機密を獲得しようとしたが、あえなく失敗し、研究そのものを中止した。また、UFO研究でも有名だった。キューバのカストロ首相暗殺のために、毒入り葉巻や細菌付きのダイビング・スーツなどを開発したこともあるが、失敗の連続。実用化されなかったが、敵国の政府幹部宅に侵入する際に番犬を性的に誘惑する香水や、猫に付ける盗聴器の開発も行った。

現在でも偽造書類等を作る工場を持っているが、パスポートを偽造する場合には、国務長官の承認が必要とされる。

管理本部は、一般企業の総務・経理・人事部門に該当する。二〇〇一年の機構改革で情報技術、財政、セキュリティ、グローバル支援、人的資源の五部門に細分化された。機密保持に重点を置くのはもちろんのこと、盗聴器対策も担当する。現在も続く対テロ戦争で、テロリストとされる人々を尋問のために輸送する航空機は、典型的なCIAの偽装会社の所有である。実体のないペーパーカンパニーを使ってのマネー・ロンダリング（資金洗浄）も行っている。情報提供者だったパナマの独裁者ノリエガ将軍やニカラグアの反政府勢力への金銭支払いには、国際業務に関して数多くの違法行為を行ってきたことを承知で「犯罪銀行」BCCI（九一年に破綻）を使っていた。

作戦本部と協力して、エームズのような裏切り者（モグラ）を出さないようにするのも管理本部の任務である。嘘発見器の使用は日常的で、局員は五年に一度の検査を受けなければならない。拒否する権限こそあるが、ＣＩＡ長官も就任時には対象となる。ただ「嘘発見器」という名称は誤解を招きやすい。科学者の間では有効性を疑問視する声が強く、最も楽観的評価でも信頼度は九〇％しかない。「嘘発見器で捕まったスパイは一人もいない」との声さえあり、後述のエームズをはじめとして「嘘発見器」で見破られなかった例はいくつもある。「緊張のあまりに動揺してしまった」というのが「嘘つき」の常套手段で、抜け目のない人間なら検査官を丸め込める。検査官の技量、被験者についての十分な情報の有無、設問が適切か否かなども、成否の分かれ目となる。

ＣＩＡは洗脳技術（マインド・コントロール）の開発にも手を染めた。局員やエージェントが捕虜になった時に、自白や敵にコントロールされるのを防ぐと同時に、敵を尋問する際に効果を上げるためである。一九五〇年に始まった「青い鳥プロジェクト」は、後に「ＭＫプロジェクト」に発展し、カナダでの人体実験に資金提供を行うなど、二十年以上も続けられた。『ニューヨーク・タイムズ』が一九七七年に報道して議論の的となったが、八八年になって謝罪こそしなかったものの、実験材料にされた人々に和解金を支払うことで決着した。

管理本部のユニークな任務として、世界のＶＩＰのプロファイリング（人物紹介）がある。

携行しやすいようにベースボール・カード型で、サダム・フセインをはじめとして私生活のゴシップを暴き、心理分析なども行っている。ただ、評価は分かれており、一九八〇年代に国務長官を務めたシュルツは、外国要人との会談に際して全く参考にならなかったと酷評している。クリントン大統領も、一九九四年の日米首脳会談で村山首相に初めて会った際に、本人から入党のいきさつを聞き、社会党首相についてのCIA情報は間違っていたとその席で語った。他にも、髪の毛を採取するなどして、他国のVIPの健康状態を把握する任務もある。心臓の持病を抱える日本政界の実力者が訪米した際には、排泄物まで調べて本当の健康状態をチェックしたというエピソードも伝えられている。

(2) スパイ幻想

諜報の手段

諜報の手段は、スパイに代表される人的諜報(HUMINT)だけではない。大きく分けて五種類ある。画像諜報(IMINT)、信号諜報(通信傍受、SIGINT)、測定・評価諜報(MASINT)、公開諜報(OSINT)となっている。

『アメリカ諜報サービス辞典』による定義づけは以下の通りだ。

ＨＵＭＩＮＴは「人間によって収集・提供された情報」、ＳＩＧＩＮＴは「通信・電子・遠隔測定情報からなる」、ＩＭＩＮＴは「写真、赤外線センサー、レーザー、電子光学、レーダー・センサーによって得られた情報」、ＭＡＳＩＮＴは「ソース・エミッターまたは発進源に関連する特徴を解明するための特殊な技術的センサー、質・量的分析によって得られたデータに基づく科学・技術情報」である。ＭＡＳＩＮＴは定訳すらない新しい概念で、具体的には敵のミサイルを追跡するために遠隔測定を行ったり、北朝鮮の核開発状況を調べるために、気象観測機で大気を採取し、プルトニウム抽出時に発生する放射能ガスの検出にも成功した。

これらの手段を説明する面白いたとえがある。バーで三人の男が飲んでいると、カウンターの反対側で二人の美女が話していた。その内容を知ろうということになり、一人は双眼鏡で彼女たちの唇の動きを読もうとした（ＩＭＩＮＴ）。次の男は盗聴しようとした（ＳＩＧＩＮＴ）。三人目は彼女たちの周辺の空気を分析しようとした（ＭＡＳＩＮＴ）。しかし、いずれも失敗した。すると、女性たちがやって来て言った。「あなたたちは私たちが何を話しているかを知ろうとしていたでしょう」。びっくりした男たちは「なぜ分かったのか」と聞いた。すると、「バーテンにチップを渡して聞いたの。これがＨＵＭＩＮＴ」。

映画や小説で活躍する「００７」（ジェームズ・ボンド）などの万能のスパイの姿が現実のように思われているが、これが諜報機関に関する最大の幻想（神話）かもしれない。同時テロ後、議会を中心に人的諜報能力の低下がアルカイダのテロを招いたとの非難の声があがったものだ。

保守派の批判は、一九七〇年代のチャーチ委員会の調査に端を発する諜報機関への逆風に加え、民主党カーター政権下でのターナーCIA長官が、伝説的オフィサーを含む優秀な工作員を解雇した、通称「ハロウィンの虐殺」事件によって人的諜報能力が低下したというものだ。ターナーの判断は、IMINTとSIGINTという技術的手段（TECHINT）の能力向上を受けて、人的諜報の有用性が相対的に低下したというものだった。ただ、次の共和党のレーガン政権のケーシー長官の下では人的諜報は重視される。そして冷戦終了、クリントン政権と議会の人権重視の要求によって人的諜報は再び軽視された――これが一般的理解だ。

しかし、第二次世界大戦当時から、アメリカ諜報機関の最大の手柄は日本とドイツの暗号を解読したことだったと言われており、そもそも人的諜報はそれほど大きな役割を果たしていなかった。CIAの前身である戦略情報局（OSS、一九四二～四五年）も、諜報活動よりも破壊工作や心理作戦の功績が評価されている。

CIAの「黄金時代」だった冷戦期においても、朝鮮戦争、中東戦争、「ミサイル・ギャップ論争」、キューバ危機、ベトナム戦争、イラン革命、ソ連のアフガニスタン侵攻などの大事件に際しても、人的諜報がアメリカの政策を劇的に変えた例はないと言われる。諜報共同体のシンクタンクとも言うべき国家情報会議（NIC）の議長を務めたジョセフ・ナイも、各機関の総意である国家情報見通し（NIE）をまとめるにあたって、人的諜報が判断を左右した例は任期中になかったと述懐したほどだ。

SIGINTを高く評価するのは、諜報に詳しいジャーナリストのセイモア・ハーシュである。彼は、「NSAによる通信傍受は、ソ連についての最も重要かつ信頼できる情報源であり、CIAとそのエージェントから得られた情報をはるかに上回った」として、一九七〇年頃にはソ連共産党幹部の電話まで盗聴できるようになったという。元NSA長官のオドム中将も、一九八〇年代にCIA長官を務めたケーシーの「国家的諜報ニーズの八〇%はNSAが供給している」との言葉を引用しつつ、今日でもこの数字があてはまると自賛している。

これに対して、九〇年にヘルムズ元CIA長官は、アメリカが入手する情報の大部分は人的諜報によるものだと反論した。元作戦本部ソ連東欧部長ミルト・ベアデンの『ザ・メイン・エネミー』によると、ソ連の科学者トルカチョフが最新鋭の戦闘機の情報を提供したため、アメリカは「何十億ドルもの予算と五年にもおよぶ研究開発期間」を節約できたという成功例がある。一九六二年のキューバ危機でも、ペンコフスキー大佐の提供したソ連軍のマニュアルと偵察写真を照合した結果、フルシチョフ首相の脅しがはったりで、ソ連がアメリカと同等の戦力を持っていないことを知る。その情報があったのでケネディ大統領は交渉できたというのだ。

また、二〇〇四年に死去したあるポーランド将校は、一九七二〜八一年にかけて「冷戦期の最も重要なスパイ」として情報を提供し、ソ連のポーランドへの軍事介入を阻止するなど、「国際情勢を動かすことしばしばだった」と『朝日新聞』（二〇〇四年二月十六日）は報じている。

ただ、一九五〇年代の朝鮮戦争で中国と北朝鮮、六〇〜七〇年代のベトナム、冷戦期を通じてソ連といった、大規模戦争の相手国の中枢に対しては、スパイを送り込めなかった。ソ連についても将軍クラスまではリクルートできたが、共産党最高幹部には浸透できなかった。現在でも北朝鮮に対してはおそらくそうだろう。

同様に、今回もイラクの権力中枢には浸透できなかったことをテネット前長官も認めている。一方で、イラクでの（人的）諜報活動への批判に反論して、リビアの大量破壊兵器開発のネットワークにスパイを送り込んでこれを阻止したうえ、パキスタンの「核兵器の父」カーン博士の計画も同様にして壊滅させたと、長官自ら成功例を語った。これ自体はまさに異例の出来事だが、結局は歴史を変えるような決定的情報は得られなかったものの、一定の役割は果たしたというところだろうか。

疑問の声は、アメリカの情報提供者の獲得能力に対してもあがっている。トルカチョフとペンコフスキーをはじめとしたソ連人エージェントのほとんどが「ウォーク・イン」と呼ばれる志願者で、ＣＩＡから働きかけて獲得した者は皆無とさえ言われるほどなのだ。二重スパイという苦い経験も多い。一九六〇年代から使ってきたキューバのエージェントの場合、三十八人すべてが二重スパイで、二十年以上も偽情報でカストロに操られていたというのだ。一九七六年にはCIAの防諜部門がその疑いを抱いたものの、キューバ諜報機関からの「ウォーク・イン」の情報提供で明らかになったのは一九八七年だった。そして冷戦が終わってベルリンの壁が崩壊すると、CIAが持っていた東ドイツのエージェントも全て二重スパイだったことが判明した。

人的諜報の限界

IMINT（画像諜報）の歴史に残る成功例といえば、U2偵察機の存在が欠かせない。ソ連の爆撃機やミサイルがアメリカを上回っているという一九五〇年代の神話を否定して、「爆撃機ギャップ」と「ミサイル・ギャップ」の二つの論争に終止符を打ち、そして一九六二年のキューバ危機で、ソ連のミサイル配備という証拠写真を撮ったのもU2偵察機だった。一九六七年の第三次中東戦争、七九年のソ連のアフガニスタン侵攻（結果的には生かされなかったが）、九〇年のイラクのクウェート侵攻、九五年のインドの核実験も、IMINTによって事前に察知できた。

諜報専門家のロック・ジョンソン教授によると、発足当初のCIAは技術的諜報手段（TECHINT。IMINT、SIGINT、MASINTの総称）のレベルが低かったため、人的諜報の優先順位が高かった。しかし、一九五〇年代半ば以降の技術進歩によって、一貫して技術的諜報の優先順位が高まり、一九七〇年代からは人的諜報を上回るようになった。ゲーツ元CIA長官の見解では、転機は一九九〇〜九一年の湾岸危機・戦争で、「アメリカ軍司令部は高性能の画像・信号情報を持っていたが、われわれはクウェート侵入以前のイラクの意図、制裁に対する抵抗能力、武器計画についての不完全な人的情報しか持ちあわせていなかった」と述懐している。

人的諜報の限界は、近年のイラクと北朝鮮の核開発問題を見ても明らかである。アメリカは金日成・正日親子が何を考えていて、核開発がどこまで進んでいるかを把握できていない。湾岸戦争後のイラクで核開発が予想以上に進んでいたことに驚き、反対に今回は過大評価してしまった。二〇〇三年のイラク戦争中も、そして終結後の半年間、フセインの行方はつかめなかったし、オサマ・ビンラディンも同時テロ後三年が過ぎても捕らえていない。

「アメリカの一青年がアルカイダのメンバーになっているのに、天下のCIAが一人のエージェントも送り込めなかったのか」とテロ後の議会でつるし上げられたテネットは、「あなたの情報は間違っている」と反論した。つまり、少なくとも一人はアルカイダにエージェントがいたことを示唆しているのだが、実情は中堅の兵士レベルのようだ。アルカイダの一兵士をリクルートしたり、ビンラディンに数回会ったアメリカ人青年ジョン・ウォーカー（アルカイダではなくタリバンのようだ）がＣＩＡのエージェントだったとしても、同時テロにつながる決定的情報は得られなかっただろう。

アルカイダでは重要な情報は最高幹部しか知らされていない。ビンラディンは側近を親戚や長年の同志で固めている。情報漏れや裏切り者を防ぐための基本は、「必要性の原則」（Need to Know）あるいは「区分の原則」（compartmentation）の徹底である。つまり、情報を知らなければ困る者だけに限定して伝え、関係のない部門からのアクセスを禁ずるということだ。これらの原則を徹底するアルカイダは、多数の細胞からなる横のつながりの希薄な新しいタイプの組織で、裏切り者や情報漏れがあっても大きな打撃を受けない。同時テロ犯も自爆攻撃だということを知らされていない者さえいた。

こういった組織にエージェントを送り込む方にも、難問が山積する。決定的な障害は、信用を勝ち得るためには、何らかの違法行為に加担しなければならないということだ。これは長年の対テロ作戦の悩みの種だが、ＣＩＡの対テロセンター（ＣＴＣ）の初代ディレクターだったデュアン・クラリッジは、実際に一九七〇年代に中東のテロリスト・グループに浸透しようとして、偽の血を吐く薬を使おうとした。

アルカイダのような狂信者の集まりでは、幹部の「ウォーク・イン」も期待しにくい。ビンラディンの居場所を密告した者には二千五百万ドル（二十八億円）の報酬が与えられるが、だれも応じていない。フセインと二人の息子を捕捉できたのは報奨金の成果（後者の情報提供者には三十三億円が支払われた）とされるが、アルカイダのような組織への浸透が困難であろうことは専門家の多くが認めている。一部には、同じくイスラーム原理主義テログループのハマスにイスラエルが浸透し、一九九六年にはアルカイダから「ウォーク・イン」が出たという話もあり、まったく不可能ではないとの見方もあるが、ソ連共産党幹部にも食い込めなかったCIAにとって、アルカイダはもっと困難な敵であり、実際に「ウォーク・イン」の存在が決定的な情報をもたらすことはなかった。

結局、専門家は人的諜報と技術的諜報は相互補完的だとの考えで一致する。ロック・ジョンソン教授によるインタビューでも、諜報の利用者である政策担当者はSIGINT、IMINTと並んでHUMINTを等しく評価している。テロリストが最大の脅威となった今日、人的諜報の重要性が高まったことは事実と言えよう。同時テロ後のアメリカで人的諜報強化論が台頭したのもその流れの一環だ。

「確証はない」と答えた

衛星写真はロシアの軍事力の配置や移動を把握するのには効果的だが、大規模な戦力や基地を持たないアルカイダを捕捉するのには適さない。衛星は特定の場所を常に監視することはできず、天候によっては撮影不可能になってしまう。建物の中までは見えず、人間の顔を見分けられないし、ビンラディンの心の中も読めない。

人的諜報には危険が伴い、二重スパイや偏向の可能性もある一方、「写真は嘘をつかない」と言われるように技術的手段には客観性がある。とは言っても、一九九八年のインドの核実験のように、偽装を見破れずに騙されることも起こり得る。

ブッシュ政権で財務長官を務めたオニールの体験談が興味深い。国家安全保障会議（NSC）の席上で、CIAのテネット長官が偵察機が撮影したイラクの工場の写真を提示し、生物または化学兵器製造の疑いがあると説明した。産業界出身のオニールが「世界中で同じような工場を見てきたが、なぜそう言えるのか」と尋ねると、テネットは昼夜を問わない出入りといった状況証拠を挙げたものの、最終的には「確証はない」と答えるにとどまった。政権担当者や議員が衛星写真や通信傍受などのハイテクの成果を過大評価する傾向は、諜報機関の悩みの種だ。

通信傍受も断片的なものが多く、その会話だけでは意味が分からないこともあるし、嘘かどうかも判断できない。イラクの大量破壊兵器疑惑でも、国連でパウエル国務長官がイラク軍幹部の会話を証拠として提示した。しかし、最終的に大量破壊兵器は見つからなかった。イラク軍幹部も真実を知らされず、皆が他の部隊が持っていると信じていたか、偽装工作だと思われる。最近は傍受できない通信や解読困難な暗号も普及しつつある。

そして、専門家や経験者が強調するのが、諜報の本質的な難しさである。素人は人的諜報や衛星写真によって、イラクが大量破壊兵器を持っているか、どこにあるのかを突き止めることができると幻想を抱いている。しかし、実際には諜報とは不完全な情報の断片をつなぎ合わせる作業であり、白か黒かが明白なことは稀で、難しい判断を迫られる。つまり、科学というより芸術に近い。弁解にも聞こえるが、簡単に部外者が批判できないと肝に銘じておくべきだ。

(3) 十五もある諜報機関

NSAとエシュロン

「アメリカの諜報機関＝CIA」と連想させるほど、CIAの認知度は高いが、実は他に十四もの諜報機関があり、CIAを含めた十五の機関で諜報共同体(Intelligence Community)を構成している。

規模の上でもCIAはアメリカ最大の諜報機関ではない。しかし、中央情報局として全体をまとめ、また唯一の独立(大統領直属)諜報機関であるのがCIA。二〇〇四年まで諜報機関の長として、大統領に直接アクセスでき、諜報共同体の長(情報長官、DCI：Director of

Central Intelligence）でもあったのがCIA長官だ。

では、他の諜報機関にはどんなものがあるのだろうか。

組織上、国防総省傘下に数えられるものが八機関、トップはいずれも軍人である。DIA（国防情報局、Defense Intelligence Agency）、NSA（国家安全保障局、National Security Agency）、NRO（国家偵察局、National Reconnaissance Office）、NGA（国家地球空間情報局、National Geospatial Intelligence Agency）、それに陸・海・空・海兵隊の四軍の諜報部門、以上の八機関を、順に見ていこう。

DIAの主な任務は、戦争遂行などに必要な軍事関連の戦術情報の収集と分析である。そのために、各国の大使館にも武官が駐在している。人員は七千人。

NSAは、SIGINTとアメリカの情報セキュリティ・システムの防衛が公式的な役目とされるが、外国の暗号解読も行っている。国家安全保障局というのが定訳だが、この場合のセキュリティは、「機密保護」というニュアンスである。NSAの前身はAFSA（Armed Forces Security Agency）であることからも分かるように、軍の影響力が強い。

一九五二年に秘密裏に設立されたものの『アメリカ政府組織マニュアル』に掲載されたのが五年後の五七年という事実が示すように神秘的な組織であり、NSAとは“Never Say Anything”（「決して何も言うな」）とか“Not Such an Agency”（「そんな機関は存在しない」）とも言われる。メリーランド州の本部は、「暗号都市」と呼ばれるほどの広大な敷地である。ここで数万人が働いているというが、地元の役場でも正確な職員数は把握していない。ここでは、牧師や司祭でさえ「トップ・シークレット」レベル以上の機密情報資格（「セキュリティ・クリアランス」）を得た身元の確かな人物に限られ、宗教儀式も盗聴できない部屋で行われるという。

ＮＳＡの職員数は諸説あるが、冷戦期のピーク時で十万人（産経新聞特別取材班『エシュロン』はピーク時四万人、現在は一万六千人と言う）、現在は三万ないし六万人だという。アメリカ（つまり、世界）最大の諜報機関で、半数が軍人で構成されている。世界各国に数千もの傍受基地を持ち、世界で最も多くのコンピューターを持つ機関としても知られる。予算は同時テロ以前で三十五億ドル、諜報共同体全体の一〇％超である（バムフォードの著書『すべては傍受されている』に引用されているＮＳＡ長官の説明では、人員・予算ともに最大となっている）。

このＮＳＡの最大の悩みは、莫大な情報の処理能力の不足で、冷戦末期（一九九〇年頃）は収集した情報の二〇％を処理していたが、現在は一％まで低下している。

一九九九年の欧州議会の報告書によって注目を集めた世界的盗聴システム「エシュロン」を運用しているのもＮＳＡである。エシュロンは、一九四七年の協定によって、イギリス、オーストラリア、ニュージーランド、カナダと共同で運用している。アメリカ政府はエシュロンの存在自体を認めないというのが公式的立場で、二〇〇一年に訪米した欧州議会の調査団は、NSAとCIAはもちろん、国務省と商務省にも門前払いにされた。存在しないことになっているため、関係者はエシュロンに言及さえできない。そこで、「本当に知っている者は語らず、知らない者だけが語っている」と言われる。

エシュロンは対ソ連の冷戦遂行のためという触れ込みであったからこそ、同盟国は協力してきた。日本でも、青森県三沢基地に「象のオリ」と呼ばれるアンテナがあるのはそのためだ。三沢には千八百人のSIGINT要員がおり、日本全体では三千人以上と見られている。しかし、欧州議会の報告書では、同盟国に対する傍受も行い、産業スパイまがいの行為も含まれているとされ、強い危機感がヨーロッパには生まれた。日本も対ロシア・中国・北朝鮮の傍受活動に協力しているつもりが、自らへの盗聴を許す結果となっているようだ。前述の日米自動車交渉以前にも、一九八二年に三菱商事の社内通信がNSAに傍受されていると報じられた。

エシュロンは世界中の電話や電子メールを傍受できるが、全てを分析するほどNSAは暇ではない。「テロ」「アルカイダ」「暗殺」「核兵器」といったキー・ワードを含むものだけを対象としているようだ。同時テロの二年前に、NSAは実行犯二名とアルカイダとの会話を傍受していたが、CIAやFBIには伝えていなかった。テロ前日にも電話を聞いていたが、翻訳されたのはテロの後だった。

このエシュロンとて決して万能ではない。対象は通信衛星を経由した国際通信が中心で、国内の有線・無線通信は傍受できない。電話の内容をそのまま機械が分析できるほどには、音声認識技術も進んでいない。

NROは、写真撮影や通信傍受のための偵察衛星の研究・開発・打ち上げ・運用を担当する。情報の提供先は政策担当者ではなく、他の諜報機関である。つまり、純粋な意味での諜報機関とは言えない。発足は一九六一年だが、公式に存在をアメリカ政府が認めたのは実に三十一年後の一九九二年のこと。この時に初めて長官がインタビューに応じた。人員は三千人で、衛星を調達するための契約担当者、民間企業を監督する技術者からなる。しかし、同時テロ以前で六十億ドル、つまり、アメリカ諜報予算の二〇%を占め、この点では最大の機関である。偵察衛星が一基数十億ドルするために、NROは「金食い虫」なのだ。

二〇〇三年に初めて打ち上げられた「諜報後進国」日本の偵察衛星の場合は、四基で開発費を含めて初期費用二千億円(一基あたり五百億円)、その後も維持費が毎年四百億円かかる。そして、寿命も五年で通常の衛星の半分しかなく、次々と新しい衛星を打ち上げなければならない。

ちなみに、アメリカの最新鋭の衛星の分解能は十センチ(四方)まで向上した。これは十センチ程度の物なら判別できるという意味である。映画などでは誇張されているが、人間の顔を見分けたり、読んでいるのがどの新聞なのかを判別するまでは不可能だ。日本の偵察衛星の分解能は一メートルである。つまり、日本の衛星は車間距離が一メートル未満だと二台の車両を一台と誤認するが、アメリカは十センチ離れていれば正しく認識できる。しかし、衛星は建物や車の中までは見えないし、地球の周りを回っているため、二十四時間同じ場所を監視できず、軌道を計算されると偵察可能な時間帯も相手に分かる。人間や動く物の監視には不適当で、ビンラディン追跡には無人航空機（UAV）が使われる。

NGAは二〇〇三年十一月にNIMA（国家画像地図局、National Imagery and Mapping Agency）から改名し、地上と宇宙に関するタイムリーで、正確な（画像）情報を提供する。例えば、衛星写真を使って、詳細な地図を作っている。NIMAは一九九九年のコソボ空爆で、古い地図を使って中国大使館を誤爆する事件を起こした。NGAへの改名を発表したのも国防総省であり、その声明は使命として、まず戦闘支援を挙げ、軍事以外にも貢献する国家諜報機関でもあると述べている。

文民諜報機関

次の六つは、国防総省以外の傘下にあるシビリアン（文民）諜報機関である。

司法省傘下のFBI（連邦捜査局、Federal Bureau of Investigation）は、州をまたがるような重大犯罪を担当する捜査（司法）機関で、日本では警察庁に相当する。そして、アメリカ国内での活動を禁じられているＣＩＡに代わって、防諜（スパイの摘発）とテロを含む国際犯罪の捜査も担当する。ＦＢＩ全体の予算は公表分が三十四億ドル、他に非公開の防諜関係が六億ドルの計四十億ドルでＣＩＡと同水準である。人員は二万八千人、うち捜査官は一万二千人いる。同時テロ後に共同体に加わった沿岸警備隊は、領海警備とアメリカ本土の安全保障関連の諜報を扱う。

国務省にはＩＮＲ（情報調査局、Bureau of Intelligence and Research）がある。世界各国に駐在する外交官は、アメリカの政策に影響を与える情報を集める。財務省はアメリカの財政・金融政策を中心とした経済関連、エネルギー省は外国の核兵器、核拡散防止、エネルギー安全保障関連の情報を収集する。最後に諜報共同体の仲間入りをしたのは二〇〇三年に新設の国土安全保障省で、アメリカ国内でのテロ防止が主たる任務である。

以上、十五機関のなかでも、ＣＩＡと共に、ＮＳＡ、ＮＲＯ、ＮＧＡを国家諜報機関と呼ぶ。これらが、特定の省庁ではなく、国全体に奉仕する機関だという建前だからだ。しかし、ＣＩＡ以外の三つは国防総省の傘下にあるという実態は忘れてはならない。

2章　一九九〇年代のCIAと無力な長官たち

(1) エームズ事件と数々の失態

CIA中枢で何が起きたか

冷戦終了後の一九九〇年代、CIA最大の事件は史上最悪の裏切り者(モグラ)の発覚だった。どんなに優れた諜報機関でも裏切り者を根絶することはできず、イギリス(有名な大物キィルビー)やイスラエルといった評価の高い国も例外ではない。KGBにもアメリカのモグラが何人もいたし、CIA以外のアメリカ諜報機関でも同じだ。

一九九四年に逮捕されるまで八年にわたってソ連・ロシアに情報を売っていたのが、作戦本部の対ソ連・ロシア防諜(カウンターインテリジェンス)部門のリック・エームズである。彼も自ら志願してソ連大使館に出向いた「ウォーク・イン」だった。

エームズはCIAで最初の裏切り者でこそなかったものの、中枢の作戦本部からモグラが出たことは衝撃的な出来事だった。彼の裏切りによって、十人以上のエージェントが処刑ないし刑務所送りとなり、アメリカ諜報機関員の氏名、情報収集の方法と目的もロシア側に伝えられた。売られたエージェントに代わって二重スパイが送り込まれていたため、長期にわたって誤った情報がアメリカ大統領にまで報告されていた。

このエームズ事件は、冷戦末期からの「組織的欠陥」を象徴するものであった。エームズは防諜部門の二百人の中で百九十七番目と評価が低かった。本部では机の上で寝ており、アルコール依存症でも知られ、海外の支局では勤務時間中も酔っていることで有名だった。規則に反してセーフ・ハウス（安全な隠れ家）で情事を行っていたことも知られており、本来なら早々に解雇されてしかるべき存在であったのだ。作戦本部のマールは、監察総監の報告書にあるエームズの勤務態度に関する記述を見て、「最初はなぜ解雇されていなかったのか理解できなかったが、飼い殺しにしておく方が得だとした官僚主義が原因だった」と述べている。

異常な勤務態度がファイルに記録されることもなく、カウンセリングが必要だとする上司の要請も無視された。エームズが自らの部門へ配属されることを拒否したまともな上司もいるにはいたが、杜撰な人事管理に加えて、数少ないロシア語の使い手だったこともあって、重要機密を知る対ソ連防諜部門に配属してしまった。同時テロによって、冷戦後に必要となるアラビア語等の第三世界の語学を軽視していたとの批判が噴出したが、冷戦期も最大の敵であるロシア語教育すら不十分だったのだ。アルコール依存症の件も、より重度であるにもかかわらず不問に付されてきた者が作戦本部には多数いたため、エームズが問題視されなかった、と元CIA監察総監は述べている。

素行不良の他にも、エームズの裏切りを知る手がかりは実に多かった。CIAは彼がソ連政府関係者と接触したことを知っていた。報告義務があるエームズはそれを怠ったのだが、ここでも規則違反は見逃された。FBIもエームズとソ連政府関係者との接触を把握して、CIAに照会していた。理由の説明を求められたエームズは無視したが、その後、だれも追及しなかった。一九八五年五月には、彼の口座に大金が振り込まれたことを把握し、その二カ月後にモスクワにいるCIAのエージェントが逮捕され、翌年にかけてソ連におけるスパイ網は全滅の憂き目に遭う。

この段階で「何かが起きている」と気づくべきだったのだが、その機を逸した背景に「CIAにかぎって裏切り者は出ない」との思い上がりがあったことは確かだろう。

こんなエピソードもある。八九年に、アメリカの大学院生が新聞などの公開情報だけを基にある論文を書いた。ソ連でCIAのスパイの摘発が続いているのは、作戦本部のソ連担当者に

KGBが浸透しているためではないかという内容だった。指導教授は、「それは十分ありえる話だ」と認めたうえで、論文を活字にしないよう厳命した。その教授は諜報機関出身者だったのだ。

致命的な規律の低下

エームズは、年収（七万ドル）の八倍もの高級な住宅を即金で購入する。CIAの駐車場に一台しかない高級車ジャガーも、彼のものだった。このジャガーの一件だけでも、彼を調べなかったのは失態だとOBは嘆いた（高級車は他にもたくさんあったとも言われる）。家も車も彼の給料では買えないものだったが、「妻の親の遺産が入った」という嘘を信じてしまった（元作戦本部ソ連東欧部長のミルト・ベアデンは、現地調査を行ったと述べているが）。

彼の羽振りの良さを不審に思った同僚の指摘でエームズは嘘発見器にかけられたのだが、検査担当者に容疑の内容やアルコール依存症の事実が伝えられず、適切な質問がされなかった。「敵国の諜報機関にアプローチされたことはないか」（八六年）、「許可なく外国人と会っていないか」（九一年）との質問に嘘をついているとの結果が出ていたのに、CIAの検査担当者はそれを理解できなかった（後に、検査結果を見たFBIの専門家はすぐに嘘を見破った）。

エームズは職務と関係のない部署にも出入りしてネタを探していたが、その行動さえ疑われなかった点にもCIAの規律の低下が現れている。防諜のイロハである「必要性の原則」をCIAは守っていなかった点だけみれば、アルカイダに劣っているのだ。

この欠陥を裏付ける証言は他にもある。『FBI対CIA』の著者リーブリングは、CIA本部を訪れた際、警備室に「全ての手荷物を徹底的に検査する」と書かれているにもかかわらず、退出時に何も調べられなかったことに驚いた。しかも時期はエームズ逮捕の直後であり、その前年にはCIA本部ゲート前で職員が射殺される事件も起きていたのである。

ウルジー長官は事件が「組織的欠陥」によるものだと認めたが、形式的処分だけで一人も解雇されなかった。対照的に、ロシアではエームズを担当していたオフィサーは解雇された。結局、身内をかばう長官にCIA内外で批判が噴出し、ウルジーだけが辞職に追い込まれる。

なお、エームズは司法取引によって死刑を免れて終身刑となった。本来は死刑だが、どれだけ情報を流したのかという損害評価を優先して、死刑にしないことを条件にエームズに協力させた。その結果、他にもロシアのモグラがいることが分かり、後のFBIのハンセンの逮捕につながる。

ところが、エームズ逮捕の二年後には、CIA史上最も高い地位のモグラが逮捕される。ブカレスト支局長だったニコルソンである。エームズと同様にニコルソンも嘘発見器の検査で疑わしい点があったが、CIAは無視した。その後、エージェントからの情報によってニコルソンの裏切りが発覚して逮捕されたのだった。

繰り返される「ミラー・イメージ」

エームズ事件以外にも一九九〇年代のCIAは失態続きだった。

一九九四年には第二次湾岸戦争の危機があった。四年前と同様にイラク軍がクウェート国境に迫っていることを衛星写真が示していた。しかし、NIMA（現在のNGA）の国家写真情報センターとCIAは何週間も兆候を見逃していたため、危うく戦争になるところであった。

同じく九四年には、アメリカにとって経済のみならず戦略的影響をも及ぼしかねない隣国メキシコの金融危機も予測できなかった。公開情報であるメキシコの外貨準備の推移を使って正しく見通した女性アナリストもいたのに、秘密情報も駆使できるCIAには予測できなかった。

エームズ事件に次いで、CIAに対する批判が強まったのは、九八年のインド核実験の時である。インドの新聞には核実験実施の公告が掲載され、民間のニューズ・レターも予測しており、メキシコと同じく公開情報で十分に予測できたのである。

インド与党の国民会議は核実験を選挙公約に掲げて政権を取った。しかしCIAは、選挙公約はリップ・サービスに過ぎず、国際的な批判も考えると実験は行わないと判断した。つまり、自分たちと同様の「合理的思考」を相手もすると信じる「ミラー・イメージ」に陥り、インドのナショナリズムやパキスタンへの対抗意識の強さを理解しなかった。のちの同時テロでも指摘された、外国文化への理解不足を露呈した事件だった。この「ミラー・イメージ」は一九九〇〜九一年の湾岸危機・戦争という前例があった。圧倒的な多国籍軍の軍事力を考えると、国連の定めた期限までに撤退するのが合理的で、フセインは負けが明らかな戦争をするはずがないとアメリカは誤った分析をした。インドの件では同時に、人的諜報の不足や公開情報の軽視も指摘された。

一九九八年には、スーダンを巡航ミサイルで爆撃した。数カ月前にスーダンのある工場の敷地から採取した土を分析して、毒ガス製造に必要な物質を感知し、SIGINTと人的諜報（スパイ）で補強した結果、そこをビンラディンと関係のある化学兵器工場だとCIAが断定したためだった。

しかし、後日、スーダンの主張通りに単なる工場だったことが判明する。落ち度はCIAにあった。CIAは除草剤を毒ガス製造に必要な物質と判断し、他の機関の手で検証せず、この工場の査察を行っている国連の記録の確認も怠っていた。さらに、土を採取したチュニジア人エージェントは、スーダンの反体制派と関係があり、過去にも虚偽の報告をしていたいわくつきの人物だった。アメリカ財務省は、アルカイダ支援者だとしてきた工場の所有者に対する資産凍結を解除して、彼の無実を事実上、認めたのである。

翌九九年のコソボ空爆では、ベオグラードの中国大使館誤爆事件が起きた。CIAが標的として唯一提案した建物には、移転した武器調達部に代わって中国大使館が入っていた。CIAとNIMAが九二年当時の古い地図を使っていたのが原因だった。ただ、犠牲者が武官（軍人）と新華社通信記者（中国の典型的OCS）であり、なおかつ中国がミロシェビッチに情報提供していたり、「見えない爆撃機」ステルスの残骸を入手したとも伝えられたため、誤爆ではなく、実態は中国大使館に対するピンポイント攻撃が成功したとの説も根強い。

一方で、CIAには成功の歴史もある。一九九三年にはブッシュ前大統領暗殺計画を察知し、九五年にはエジプトのムバラク大統領暗殺未遂事件の犯人を突き止めた。コソボ空爆でも、九千三百回も出撃しながらアメリカ兵に戦闘中の死者が一名も出なかったのは、CIAの情報が正確だったためだとテネット長官は自賛した。

（2）長官の責任とは

DCIの現実

CIAがアメリカ諜報共同体の長と目されてきたのには理由がある。たしかに人員は二万人で、十万人とも喧伝されるNSAよりもはるかに少ない。予算でも諜報機関全体の一〇%程度で、NSAやNROより少ない。しかし、CIA長官はDCI（情報長官）を兼務し、名目的には十五の諜報機関を管轄してきた。そして、アドバイザーとして大統領に直接アクセスできる。ただ、一九四七年制定の国家安全保障法は、情報長官は「アメリカ諜報共同体の長を務める」としか規定していない。

諜報機関の予算は総額すら非公開だが、ほとんどが国防予算に含まれている点も重要だ。そして、NSA、NRO、NGA、DIAなど国防総省傘下の機関が八五％、CIAは一〇％、残りを司法省（FBI）、国務省、財務省が使っている。つまり、予算について言えば「一〇％長官」でしかない。

人事面でも他の十四の機関の長の任命権を持たず、拒否権があるだけだ。同時テロに関してFBIからの情報提供が十分でなかったことを見ても分かるように、各機関に情報を一〇〇％提出させたり、任務を強制する権限もない。国防総省傘下のDIAはもちろん、「国家諜報機関」のはずのNSA、NRO、NGAも軍人（中将）がトップを務め、任命権者の国防長官が情報長官よりも大きな影響力を行使した。

つまり、DCIの実態は、CIA以外の諜報機関に対する人事権も予算の権限もないのだ。

そのためか、歴代の長官たちは、自らの発言力の基盤であるCIAの権限や予算にしか関心がなく、他の機関を動かすことには真剣ではなかった。一九九〇年代後半になって、議会は諜報共同体のマネジメントを担当する情報副長官ポストを新設したが、そのオフィスは長官以下、幹部が居並ぶCIAの七階にないことが象徴するように、実質的権限を持っていない。

諜報共同体とは名ばかりで、各機関間で行動調整がなされることもなく、実態はばらばらなのだ。合計で一万人以上のアナリストがいるが、各人の専門は何で外国語の得手不得手は云々といった詳細を把握しているものはいない。

「素人」と「改革者」のつまずき

ここで、冷戦末期からの歴代CIA長官を見てみよう。

一九八七年、裁判官やFBI長官を歴任して就任したのがウェブスターだった。登用の理由は、議会の反対で辞退したゲーツの代打として清潔性を買われたためである。宿敵FBIから長官を迎えざるをえないほど、イラン・コントラ事件への関与で厳しい批判を浴びたCIAは、ウェブスターの下でイメージ上は「再建」を果たす。

ただ、CIA長官になっても、「判事」と呼ばれることを好み、FBIから連れてきた側近を重用するなど、最初から局内では浮いた存在だった。局内で人気のあった広報官を更迭し、FBI出身の後任が講堂で紹介されたが、だれ一人拍手しなかった。FBI出身の子飼いの部下は、長官と現場の壁となってコミュニケーションを妨害する。諜報や外交に関しても素人のウェブスターは、世界地図を見ながらブリーフィングを受け、任期中の最大の事件だった湾岸戦争の対応をめぐっても蚊帳の外で、ブッシュ政権に都合よく情報を歪曲（「情報の政治化」）したとの批判も浴びた。ブッシュ大統領は元CIA長官（一九七六〜七七年）だけあって古巣を愛したものの、実際には最大の外交問題でもあてにしないかのように行動した。

この「素人長官」ウェブスターの後任として、たたき上げで初の情報本部出身の「CIA期待の星」ゲーツが就任したのは一九九一年のことである。イラン・コントラ事件への関与を疑われて四年前には辞退したが、今回もレーガン政権（一九八一〜八九年）下でタカ派としてソ連脅威説を誇張した「情報の政治化」疑惑で、上院議員から史上最多の反対票を集めての就任だった。結局、「プロ中のプロ」の長官は大した成果も残せず、後には情報の政治化の代表例として「諸悪の根源」とさえ糾弾される存在となった。

一九九三年に誕生したクリントン大統領の民主党政権下では、当初指名されたクロウ提督が辞退し、代わって弁護士出身のウルジーが就任する。諜報機関のアウトサイダーであった彼は、前任のゲーツとは対照的に新風を吹き込む「改革者」長官として期待も寄せられたが、反面、その経験不足も危惧されていた。そして、指名自体も土壇場で決まったものだった。すでに二人に打診して断られていたため、ウルジーは「代打の代打」であったのだ。

ウルジーが指名された大きな理由は、カーター政権の海軍次官で、共和党からも受け入れられる民主党員だということである。就任後には、武器拡散やテロといった新しい課題を積極的に語ったが、行動は伴わなかった。民主党員らしく人的諜報を嫌い、作戦本部を敬遠する。軍事(戦術)情報に役立つスパイ衛星を増やして、同時テロでの失敗の一因を作った。側近の一人は、ウルジーを評して「衛星に取りつかれていた」と述べているが、前職が宇宙航空産業の大手マーチン・マリエッタ(現ロッキード・マーチン)の取締役だったことも背景にあるのかと疑いたくなる。

結局、改革は行われず、批判の強かったゲーツによる人事も継承した。冷戦終焉に伴って議会は、国防総省と同様に諜報機関にも予算の十億ドル削減を求めたが、ウルジーは反対に十億ドルの増加を要求して議員を怒らせた。密かに予算を流用して本部ビルを建てた事件でもウルジーはNROをかばい、CIAでも三分の一のケース・オフィサーが性別による昇進の差別是正を求める集団訴訟に参加するに至った。

なかでも激しく対立した相手は、デコンシニ上院諜報委員長だった。CIAの分析能力を疑わず、エームズ事件で厳罰に処さずに「局益」を守ろうとするウルジーの態度に業を煮やした議会は、クリントンに対して諜報機関の再評価を求めてアスピン委員会を発足させた。

ウルジーが良好な関係を築けなかった相手は議会だけではなかった。不仲な閣僚もおり、「大統領と最も疎遠なCIA長官」という汚名までいただくに至った。その要因の一つには、ウルジーがアドバイザーの立場を忘れて政策の提案まで行ったことが、越権行為とみなされたためであった。

大統領に疎まれ、議会からも見放され、CIA内部でもエームズ事件での対応を批判された。就任時に拒否した嘘発見器の検査を慌てて受けたときはもう遅く、四面楚歌となったウルジーは九五年一月に辞任する。

ロビイストに転進したウルジーは、雑誌等で諜報に関する論説を発表しており、いまでは「アメリカ新世紀プロジェクト」（PNAC）のメンバーである（ちなみに、古森義久氏によると、PNAC＝ネオコンという理解は誤りだ）。彼の長官としての唯一の功績は、「われわれは竜（ソ連）を退治した（冷戦が終わった）が、今度は様々な毒蛇（テロリストなど）でいっぱいのジャングルにいる」という、ポスト冷戦期の不透明性を適切に表現した有名な言葉だけであろう。

ただ、驚くべきことに、同時テロを受けて二〇〇二年にはテネットの後任としてウルジーの名前も挙がった（その後は、悪名高いチャラビのイラク国民会議〔INC〕との関係も指摘された）。

エリート科学者がもたらした衝撃

ウルジーの後任として指名を受けたのは、前空軍副参謀長のマイケル・カーンズだったが、彼は辞退する。そのため、元国防副長官のドイッチェが後任に就いた。ドイッチェはCIAが

「ベトナム戦争に負けたアメリカ軍」同様の、悲惨な状況になっていることに気づいた。この認識ではウルジーも同様だったが、ドイッチェがユニークだったのは、CIAを「骨の髄まで改革する」「文化（態度や慣習）を変える」と豪語した点だった。しかし現実はというと、長官が入室する際に部下に立ち上がって迎えさせたり、自らを「長官閣下」（"Mr. Director"）と呼ばせるなどの軍隊式を持ち込んだ。あげくには「CIA職員は軍よりもレベルが低い」と長官自ら発言して、CIA内外をあきれさせたのである。

ドイッチェは国防総省の勤務経験はあるものの、前職はMITの化学の教授で、諜報には疎かった。「エリート科学者」であるドイッチェは、自ら「技術屋」「衛星マニア」「SIGINTマニア」と公言し、人的諜報を軽視した。人事面でも、子飼いの女性を幹部ポストに就けて「ボーイズ・クラブの権化」である作戦本部を指揮させて衝撃を与えた。彼女は諜報の素人のため当然のように作戦本部に相手にされなかっただけでなく、ドイッチェ自身も反感を買い、挙げ句、二人は男女の関係を疑われる始末だった。彼女がホールを通過すると作戦本部のベルが鳴り、一斉に机の上の書類は裏返され、パソコンの画面はスクリーン・セーバーになった。作戦本部は彼女の行動を監視し、自分に近づけないことを唯一の任務とする「専任スタッフ」を任命した幹部までいたという、信じがたい状況を招いた。

ドイッチェの人事は不評続きで、作戦本部長にエージェントの管理や外国諜報機関との情報提供の交渉経験もないアナリストのデビッド・コーエンを任命し、中東担当の作戦本部副部長には本部育ちでエージェントの管理の経験がなく、現地に行ったことさえない女性が就任した。一九九五年にフランスから強制退去処分を受けた支局長は、監察総監らの調査結果に真っ向から反論して長官との話し合いを求めたが、門前払いされた。

そして後述のように、議会の突き上げによって、過去に問題のあったエージェントは採用しないという、「トリツェリ・ルール」を設けることになった。ドイッチェは「アメリカの国益と価値に相応しい」と歓迎し、「ドイッチェ・ルール」とも呼ばれた。

このルールが作られる原因となったグアテマラ人エージェントの人権侵害についても、作戦本部では任務を忠実に遂行したケース・オフィサー二名を解雇したドイッチェへの怒りが爆発した。危機に陥った時に助けてもらえないことをグアテマラ事件で悟った局員たちは、CIAが推奨するように自費で保険に入った。

アルカイダに関する「スーダン・ファイル」（後述）の場合も同様で、現地のアメリカ大使の反対にもかかわらず、CIAの支局の閉鎖を指示し、関係改善を求めるスーダン政府を孤立させ、情報収集よりも安全性を優先したと批判される。

じつはドイッチェの悲願は国防長官であったため、クリントンに対してCIA長官就任を拒んだという。大統領は「他に議会が承認する人がいない」と返答して、無理やりポストに就けた。

ドイッチェは「説得されて就任した唯一のCIA長官」として、このポストを国防長官への踏み台と考え、国防総省に有利な決定をいくつも行った。まず、NIMAの発足にあたって、CIAの写真部門を統合して、画像の解釈権を軍に譲った。無人偵察機プレデターも自らは開発に失敗していた国防総省に渡した。本来はCIAが行う人的諜報活動を国防総省が肥大化させるのを抑えるどころか、むしろ積極的に支持したのである。

ジャーナリストのケッスラーはダグラス・グロウトとの「取引」についてもドイッチェの責任を指摘している。前述のようにグロウトは外国大使館侵入の専門家であった。一九九六年に解雇されると、グロウトは在職中の任務を暴露するとCIAを脅迫した。彼が仕掛けた侵入対象に友好国の大使館が多く含まれていたため、CIAはそれが露顕することを恐れた。ドイッチェは毎年五万ドルの口止め料の支払いを承認したものの、テネットが後任長官に就くやいなや交渉を中止し、グロウトは逮捕された。

ドイッチェはクリントン政権の意向に反して、議会で「イラクは湾岸戦争後よりも協力的になっている」と証言して不興を買った。これはクリントンによる一種の情報の政治化でもあった。国防長官の夢が断たれ、CIA長官を続ける理由がなくなったため、ドイッチェは辞職する。ドイッチェがマッキントッシュのコンピューターを使い続けたいと主張したため、CIAは無報酬で彼と一年間のコンサルタント契約を結んで便宜を図った。

ところが退任後に異例の失態が発覚する。機密保持の規則を長官自らが破っていたというのだ。

CIA局員は機密保持の特別の設定をしたコンピューターを使わなければならない規則になっている。しかし、ドイッチェは通常のPCにメモを残して、AOL（アメリカ・オンライン）を使ってメールで送受信し、それを自宅で読むのが日課だった。機密保持の設定をせずにインターネットにつなぎ、気さくにメール・アドレスの交換にも応じていたため、ロシアの科学者から来たメールも読んでいた。もし、メールが細工されていたら外国の諜報機関に機密情報が筒抜けになっていたはずだ。ポルノ・ページにアクセスしていたことも判明した。

ドイッチェは機密情報資格（セキュリティ・クリアランス）を取り上げられるという不名誉を受けた。名門MIT化学教授だったが、図らずも科学オンチぶりも露見させてしまった。

国家安全保障会議でテロ対策に従事した『聖なるテロの時代』の著者たちが断じているように、ウルジーとドイッチェの任命は失敗だったというのが常識だ。後任の長官も「私たちはCIAを再建した」との声明で明確に前任者たちの失敗を認めている。

七年もその座に坐りつづけたテネット

その後任とは、一九九七年に就任して二〇〇四年六月に辞意表明するまで、七年に及ぶ長官生活を送ったテネットである。指名を辞退したアンソニー・レークの代役として、副長官から昇格した。共和党に反対されたレークとは対照的に、議会スタッフ出身で保守的な民主党員であるテネットは、ブリーフィング能力にも定評があり、両党から受けが良かった。

二人の前任者とは異なり、CIA長官はテネットが望んでいたポストだった。彼は「生存本能」が人一倍強く、八方美人と見られ、その出世の早さについて、「リーダーというよりもセールスマン」と揶揄された。大きな組織の運営、従軍、インテリジェンス・オフィサー、外交政策の策定、著作執筆、これらいずれの経験もない、異例の長官だった。諜報についての専門的訓練も受けていないとの批判もあり、副長官就任時に続いて諜報関係者の驚きは二重であった。ブッシュ政権でも留任するが、黒人初の元統合参謀本部議長のパウエル国務長官やラムズフェルド国防長官といった大物の閣僚に伍する実績（経歴）やカリスマもない。しかも、彼は閣僚ではなく、アドバイザーに過ぎない。

テネットの長官人事が上院で承認されようとしている時に、事件が起きた。CIAの作戦本部のケース・オフィサーのグループが彼を批判したのだ。公にはされていないが、彼らの手紙を読んだ『ワシントン・タイムズ』のビル・ガーツによると、以下のような内容であったという——。相手国に駐在するアメリカ大使が怖じ気づいたために、テネット副長官は対テロ作戦を中止させて、重要な情報が入手できなかった。テネット副長官の下で各地の支局長は権限を奪われた一方で、海外出張の際に幹部は支局に華美な接待をさせた。最も経験豊富な三人のオフィサーをはじめ、優れた局員が退職させられる一方、支局での経験のないアナリストが工作本部副部長に任命された。ハイチに関する報告書の正否を調べようとした共和党スタッフに対する隠蔽工作が行われ、情報の政治化もあった。一九九六年に逮捕されたCIAの「モグラ」ニコルソンについても、テネットら幹部が幕引きを急いだために、調査がいい加減になりかけた――。また、副長官として、ドイッチェの秘密保持規定違反事件で、きちんとした調査を行わなかったことも批判されていた。

しかし、ウルジーとドイッチェというCIA内部でも不人気だった「アウトサイダー」の前任者とは対照的に、カフェテリアで食事を取り、クリスマス・パーティーを開くなど、職員が接触しやすい長官であったことは確かだ。九〇年代半ばまでの予算削減で士気が低下していたCIAだが、テネットが長官に就任すると増額に転じた。また、終身刑となったスパイの釈放をイスラエルが要求した際には、辞任覚悟でクリントンに抵抗して阻止し、CIAの士気を高めた。ただし、対照的にCIAを改革しようとする姿勢はなく、就任前に指摘されていた通り、彼はリーダーシップを持たなかった。エリート主義の権化で「諸悪の根源」とも呼ばれる作戦本部とあまりに近すぎるという批判があった。作戦本部と衝突した前任者たちは不幸になったが。

テネットは一九九九年に情報長官顧問という新たなポストを設けて、クロンガードという弁護士でもある億万長者のビジネスマンを任命した。同時テロの半年前の二〇〇一年三月には、クロンガードを長官・副長官に次ぐエグゼクティブ・ディレクターに昇進させた。政策や戦略といったより広範な問題を担当する長官に代わって、秘密作戦を含む実務を担当するポストに諜報の経験のない人物が就任したのだ。

クロンガードは民間企業並みに毎年一五%の職員が退職するべきだという信念の持ち主で、離職者が少ない理由をCIAが局員を優遇し過ぎるためだと解釈した。ケース・オフィサーもアナリストも経験が不可欠であることを理解しないクロンガードの下で、首切りが始まったが、その誤りが同時テロで明らかとなる。対照的に、テネットのお気に入りたちが出世し、女性たちによる集団訴訟の結果として透明化され始めた昇進システムは元に戻っていく。

3章　敵を失った後の「失われた十年」

(1) 新たな仕事探し

CIAが抱いた危機感

冷戦開始と共に一九四七年に発足した当初、CIAの主要な標的はソ連であった。冷戦期の対ソ連（および東欧）作戦は全予算や人員の半分以上を占めた。そのソ連が九一年に崩壊し、冷戦が終わった。同年十二月には、CIAの永遠のライバルKGBの後身である共和国間安全保障機関議長が、モスクワにあるアメリカ大使館の盗聴実施計画書と、そこに仕掛けられていた盗聴器をアメリカ大使に手渡し、諜報面でも冷戦が終わった（ただ、前述のエームズ、ハンセン両事件が実証するように、ロシアの対米諜報活動は続く）。

そこで、有力上院議員のモイニハンはCIAを廃止して、国務省がその任務を引き継ぐべきだと主張した。CIAの能力を評価していない彼にすれば、主敵のソ連が崩壊した以上、廃止は当然だろう。これは極論だとしても、「平和の配当」というスローガンの下で、諜報機関の存在意義が問われはじめ、国防と同様に諜報予算も九〇年代前半には削減の憂き目にあう。

危機感を抱いたCIAはクリントンの重視する経済や環境に加えて、麻薬、テロ、武器（大量破壊兵器）移転といった新しい課題に飛びつき、存在意義と予算確保に奔走する。後述の報告書『二十一世紀に備えて』は、「諜報機関は環境問題などの新たな領域への進出を押し売りし、焦点を失い、自己の存在意義を正当化する理由を探している」と批判した。

手始めにCIAは、一九九〇年代はじめの競争力強化論や日本脅威論の台頭を受けて、経済諜報論を唱えた。ゲーツ長官が「ブッシュ政権が割り当てた新しい諜報機関の任務の四〇％が経済関連だ」と発言して注目されたのは九二年のことである。実際に、九五年に独仏両国でCIA局員が「産業スパイ」として国外退去処分となった。ただ一説には、経済諜報を行ったというのはCIAが作った「カバー・ストーリー」（偽装）であり、実際にはフランスがイラクとどのような取引をしているかを知るための作戦だったともいわれる。この事件もCIAのことなかれ主義を助長し、ヨーロッパでも人的諜報活動に消極的になり、当地でのアルカイダの活動の拠点作りに対応できなかった。

一九九五年の日米自動車交渉でも、CIAが通産省を盗聴したとの新聞報道があり、ヨーロッパ各国はNSAのエシュロンが産業スパイも行っていると警戒した。経済諜報に対しては、ソ連崩壊後にもイラクや北朝鮮などの「ならず者国家」、テロリズム等の緊急かつ重大な脅威があり、CIAは産業スパイなどやっている場合ではないという、今日を見通した正論が当時からあったことも事実である。

環境安全保障が登場した風潮にもCIAは便乗し、アピールとばかりに環境センターを九七年に発足させた。冷戦期に何百億ドルもの資金を投じて作った観測システムのおかげで、世界中の詳細な地図、偵察衛星による数百万枚の地球表面の写真、気象観測データなど、環境保護に有用な科学的情報を諜報機関は持っている。従来は国家機密として公開できなかったこのデータを利用しようというのだ。他にも、環境保護条約や取り決めなどが国際的に遵守されているかを、衛星を使って監視する役割の大きさも競ってアピールした。

長年のアメリカの悩みの種である麻薬対策への関与が始まったのもこの頃である。CIAはアメリカ国内では基本的に活動できないが、中南米の麻薬カルテルの準軍隊に対抗する場面では力を発揮できるからだ。しかし、CIAは撲滅どころか、パナマのノリエガ将軍などの麻薬取引に従事する勢力をエージェント（情報提供者）などとして利用し、アメリカへの麻薬流入を助長する動きをしていたことが同時期に発覚してしまった。

外国語教育の遅れ

冷戦下のソ連から第三世界やテロリストへ——主要な標的が変わったのだから、従来の組織、人材、アプローチは通用しない。本来ならば、ソ連専門家を退職させて新たに必要な分野を補充したり、再教育が不可欠なのは自明の理だが、反対にCIAは既存のスタッフを温存した。ソ連専門家の仕事がなくなるという理由で機構改革に抵抗したという例を見ても、本末転倒ははなはだしい。

元ソ連東欧部長のミルト・ベアデンは当時の雰囲気を、「悲しいことに、ソ連東欧部の島国根性的なサブカルチャーが、冷戦が終わるのを認めたがらないのだ。レドモンド（ソ連東欧副部長）が言うように、それがあまりに面白かったから」と回想している。三日天下に終わったソ連保守派による一九九一年八月のクーデター未遂の際には、「ソ連東欧部や作戦本部全体が活気づいていた。古株の何人かは自分たちの正しさが証明されて恍惚としていた。（中略）ミルトの言うソ連の歴史的な変革もこれでおしまいだ。それと、現実に見合うようにソ連東欧部を解体修理するなんて話もこれで終わりだ。また、楽しい時代がやってくるぞ」。

ＮＳＡがテロ前日のアラビア語の通信を傍受しながら翻訳していなかったり、アルカイダに潜入しようにも言葉のできる人材が不足しているなど、同時テロを許した一因として外国語教育の不足が批判を浴びた。これも、冷戦終了後にロシア語に代わって中東を中心とした第三世界の言語の重要性が指摘されていたのに、その対応を怠った結果である。同時テロが起きた頃、CIAの一万六千人のうち、アラビア語を自由にあやつれるのは五人、ファルシ（ペルシャ）語に至っては一人だけだったという。

もともと、冷戦期からCIAの語学力は十分ではなかった。

前述のように、人事考課が最低のエームズが対ソ連防諜部門に配属されてしまった一因は、数少ないロシア語の使い手だったからだ。中東の支局長でも現地の言葉ができなかった。また、最近まで東京支局でも最優先の任務はロシア人エージェントのリクルートであった。日本は中国をはじめとしてアジア各国からの人々が集まっているが、ここでも「ソ連一辺倒」の姿勢は変わらなかったのには、正副支局長が共に日本語（中国語・韓国語）を話せない現実もあったのである。一九九〇年代半ばにはフランスの支局でも、若手はフランス語ができないという体たらくだった。

対テロ作戦を妨げたものは何か

主要な標的がなじみの竜（ソ連）から正体不明の毒蛇（テロリストなど）に変わり、情報収集のアプローチについても転換が不可欠だった。例えば、冷戦期にはソ連の軍事力の把握が最重要課題であり、アメリカの誇る衛星写真でミサイルの配備や戦車の移動はある程度は捕捉できた。しかし、テロリストが相手となると、事情は一変する。アルカイダのキャンプは衛星で撮影できるが、オサマ・ビンラディン等の人間の動きはつかめない。ましてや、彼らが何を考えているかは分からない。冷戦期よりも人的諜報（HUMINT）の比重を高めなければならないのは明らかだったが、リスクを恐れる風潮が強まった結果、アメリカが優位に立つ技術的手段と外国諜報機関への依存度を高めていった。

人的諜報の中身についても、抜本的改革が必要であった。冷戦期なら外交官に偽装したOCSが、大使館等のカクテル・パーティーで顔見知りになって、ソ連の外交官や軍人の「ウォーク・イン」を促進できた。もちろん、ソ連国内では監視が厳しいので、第三国が中心であった。しかし、ポスト冷戦期においてはテロリストや予備軍が徘徊する裏通りに入り込む人材が必要になる。当然のように、第三世界の言語や文化に通じた人材の育成と採用も不可欠だ。ところが、CIAはそれをしなかった。研修所（ザ・ファーム）では、「作戦は作戦であり、どこでやっても同じ」という教育を続けた。せっかく多民族国家として、アメリカは多様な人種やネイティブ・スピーカーを抱えながら、白人男性中心の伝統が守られた。

経済や環境問題以上に対テロ作戦の邪魔をしたのが、戦術（軍事）情報への傾斜である。軍（国防総省）はDIA（国防情報局）と四軍それぞれの諜報部門を持っており、CIAは国家レベルの戦略情報を任務とするものである。ところが、衛星写真が届くまで何日もかかるなど、情報伝達の遅滞が作戦遂行に支障をきたした、と湾岸戦争の雄・シュワルツコフ司令官が批判すると、冷戦後の生き残りを図るCIAが便乗して、軍事情報を重視する傾向が生まれた。その後も軍が執拗にリアル・タイムの情報を要求するため、CIA本来の任務が後回しになる。そのため、旧ユーゴスラビアについては虐殺の犠牲者の墓の発見と国務省への通報が遅れ、アメリカの対応が後手に回ってしまった。特に、国防長官就任を夢想していたドイッチェ長官がその傾向を強め、同時テロの時点でCIAの諜報活動の六〇%が軍事目的（戦術情報）に向けられていた。

分析面（情報本部）でも冷戦思考は維持された。ソ連の海軍力やラテンアメリカの政治システムの分析なら、きちんと確立された尺度やデータを用いればよい。対照的に、テロリストとの戦いには、関連の不明な断片的な情報を組み合わせ、さらに偽情報を見分けて、敵の戦略や計画を描き出さなければならない。敵は一つの弱点（可能性）を見つければいいが、こちらは全ての可能性（脆弱性）を考慮しなければならない。発想や教育方針の転換が必要だったが、アナリストも変わらなかった。一九九二～九八年には、新たに採用されたアナリストの四〇%が五年以内に退職してしまった。

（2）クリントンのPCIA

トリツェリ・ルール

二十世紀末のアメリカの政治や社会を象徴する重要なキー・ワードの一つにPC（Political Correctness）がある。日本語の定訳が今日でも見当たらないが、近年は「政治的正当性」や「政治的公正」と訳されることが多い。従来の男性、白人、健常者優位を改めて、少数派として不当な扱いを受けてきた女性、少数民族、障害者、同性愛者の対等な権利を認める考え方である。クリントンが大統領に就任して真先に行った、軍へのゲイの入隊を公式に認めたことがその代表例だ。この嵐はCIAをも襲い、保守派ジャーナリストのガーツは一九九〇年代のCIAを〝PCIA〟と揶揄している。

このPCIA化を決定づけた事件はグアテマラで起きた。

グアテマラは一九五四年にCIAが支援したクーデターの結果、中南米でも最も残虐な政治体制が成立していた。そのグアテマラで、九〇年から九二年にかけて、反体制派やアメリカ人の殺害に、CIAのエージェントでもある将校が関与していたことが明らかになった。アメリカ議会やメディアは、人権侵害や犯罪（暴力や麻薬）歴のあるエージェントを使うことに対して一斉に批判を始めたのである（それ以前も、殺人や麻薬密売犯としてアメリカに捕らえられたパナマの独裁者ノリエガ将軍はCIAのエージェントとして知られていたのだが）。

そこで、CIAは一九九五年にガイドラインを設け、リクルートにあたって本部の承認を義務づけ、エージェントの提供する情報の価値と人権侵害等の前歴を天秤にかけて計るようになった。グアテマラ事件でCIA批判の先頭に立った下院議員に因んで「トリツェリ・ルール」と呼ばれたのだが、これによって最前線にいるオフィサーの士気は低下した。特にポスト冷戦期には、アルカイダの例を見ても、有益な情報を持つのはいかがわしい人物が多く、「修道院ではエージェントをリクルートできない」という揶揄の声も聞えはじめる。

このガイドラインは議会の強い批判もあって、同時テロ後の二〇〇二年七月に撤廃された。CIAはガイドラインによって実害はなかったとしているが、本部へのエージェント申請を躊躇するようになったと証言するオフィサーがいたことも確かで、推計で千人以上のエージェントを失ったとも言われている。同時テロ以降もその傾向が残っていたようだ。

ただ、一九九〇年代に入って突如このような状況になったとか、全てクリントンの責任だと言うのは公平ではない。ベアーが著書で自らの体験を紹介している。一九八〇年代末、パリ支局にニューエージ教会の信徒であるケース・オフィサーがおり、彼女は同僚やエージェントを勧誘し、数人の局員が信者となり、うち一人は管理職だったが、教会でのビラ配りもしていた。

ベアーは「われわれはまだPCに窒息していなかった頃も、自らの放任主義、何でも大目に見る態度で無力化していた」と嘆いている。

（3）士気の低下と官僚主義の蔓延

長官の掛け声もむなしく

ここで、裏切り者・エームズの言葉を紹介したい。逮捕後、彼はこう主張している、「自らの裏切りはアメリカの国益を害していない」。なぜなら、CIAの活動は「出世だけを考える官僚主義者による自己充足的なごまかし」に過ぎないというのだ。

これが単なる言い逃れと片づけられないことを裏付けるように、七年後の同時テロの数日後、テネット長官は幹部にあてて、官僚主義の打破を訴えるメモを回覧した。「達成に向けて官僚的な阻害があってはならない。ルールはすべて変わった。情報やアイディア、能力は徹底して完全に共有されなければならない。会議を開いて問題を解決している時間はない——問題は手ぎわよく、迅速に解決せよ。他の省庁、軍、法執行機関との間に問題があれば、いま解決しなければならない」。

CIAの官僚主義に失望していたのは、九八年にCIAを脅迫した罪で逮捕されたグロウトも同じだった。ケッスラーによると、グロウトは九一年のある週末、アジア某国内で他のアジア国の大使館に侵入した。しかし、事前の監視が不十分だったため、侵入時に館内に警備員とメイドが残っていて、あやうく失敗するところだった。その不手際をグロウトは報告したのだったが、上司は沈黙するよう命じてこれをもみ消した上、グロウトを閑職に左遷した。翌年になって、この侵入計画が相手に知られていたことが判明するが、その後も彼は飼い殺しの状態が続き、閑職のまま、日々早々にスポーツ・ジムに行くのが日課になった。

冷戦終焉で存在意義が疑われるようになったCIAは、一九九〇年代前半に予算が削減された。士気は低下し、秘密作戦のあり方に不満を抱いたロバート・ベアーを筆頭に、同僚から尊敬されていた者たちが退職する一方で、十人以上の無実のオフィサーがエームズ事件の余波で疑われるなど相互不信も強まった。ドイッチェ長官の新しい人事政策はPCを強調し、経験豊富な白人男性が目の敵にされ、人員削減の一環として年金受給資格のあるベテランが退職を迫られた。

折しもアメリカの好景気と重なり、民間の給与水準の上昇も退職者の増加に拍車をかけた。九〇年代半ばには、ケース・オフィサーの数は九一年に比べて二五％減の八百人となり、新人は年に十人程度しか補充されなかった。準軍事活動要員の多くも、自らの必要性を感じなくなったとして退職したが、彼らの重要性を痛感するのはアルカイダとの戦いを待たねばならなかった。

現場で体を張るオフィサーよりも法律家が力を持つようになってしまったというのでは、他の省庁と変わりない。ＣＩＡならではの、リスクを冒しても国のために戦うという美風は急速に失われ、本部の顔色を窺いながら失敗を避けて任期を全うするという風潮が生まれた。オフィサーも安全な大使館にこもって、外交官に偽装（ＯＣＳ）して無難に任期を過ごすようになった。テロリストに近づくには、民間人（ＮＯＣＳ）として大使館の外で危険を冒す必要があるはずだ。

存在意義が疑われ、士気が低下すると官僚主義が蔓延する。「トリツェリ・ルール」も手伝ってリスクを嫌って人的諜報は軽視され、議会の「箱物ごのみ」（sexy big things）と「衛星おたく」のウルジーとドイッチェの存在が拍車をかけ、技術的手段への依存度が高まった。派手な衛星には予算が付くが、収集された情報の分析に必要な地味な仕事、たとえばアナリストや翻訳者には予算が付かなかったため、処理されない情報（インフォメーション）が多くなり、有用な諜報（インテリジェンス）は増えなかった。

危険回避の傾向は情報収集にも変化をもたらし、現地にオフィサーを派遣してＣＩＡがエージェントをリクルートするよりも、外国諜報機関や警察からの情報に頼ることが多くなった。外国に頼ればリスクは回避できるが、自国に都合の悪い情報をアメリカに提供しないことは、一九七八年のイラン革命で実証されていた。また、情報提供に際してはギブ・アンド・テイクが原則なので、その結果として情報漏洩も起きる。九八年にオサマ・ビンラディンを標的にした巡航ミサイルによるアフガニスタン攻撃が失敗したのも、パキスタンの諜報機関（ＩＳＩ）がビンラディンに逃げるよう警告したためだとの説もある。

「質より量」

ＣＩＡはもはや諜報機関ではなく、単なる官僚組織、「もう一つの国務省」になっていた。「ＣＩＡはアラブ人に接近しすぎた専門家やアラビア語を話せるオフィサー、外国人に近づきすぎたエージェントが好きではない」とベアーは批判する。九〇年代半ばには、ビンラディンとも関係の深いウズベキスタンなどを含む中央アジアの八カ国に、エージェントは一人もいなくなっていた。現場で危険を冒すオフィサーよりも安全な本部の管理部門の方が昇進は早くなった。

エームズ事件を受けてウルジー長官は、「天敵」ＦＢＩから防諜部門の実質的トップを迎えた。彼は喜んで「魔女狩り」を始め、三百人以上が疑われ、嘘発見器にかけられた。休暇中に外国人に会っただけで「モグラ」ではないかと疑われる始末で、仕事でも外国人との接触を恐れる風潮が生まれた。皮肉にも、後にＦＢＩにエームズよりも長期にわたるモグラのハンセンがいたことが発覚する。報復として今度はＣＩＡからＦＢＩに「死刑執行人」が送り込まれた。一九九五年、イラン政府に対する通信傍受によって、ＣＩＡがフセイン大統領の暗殺を計画しているとの情報がクリントン政権に伝えられた。レーク安全保障担当補佐官の指示で、ＦＢＩが調査を開始した結果、数少ないアラビア語の話せるオフィサーであるベアーに嫌疑がかけられた。ベアーは否定したものの、ＦＢＩの調査を受けたことで、事実上、彼のキャリアは終わった（後にこの情報が誤りだったことが判明する）。本人よりもイランの情報を信じ、命懸けで戦う第一線のオフィサーを守ろうともしないＣＩＡに成り下がってしまったのだ。

退職したベアーは、同時テロ後にＣＩＡ批判の著書を刊行して有名になったが、彼に対する批判もある。ジャーナリストのケッスラーは、「ベアーは有能で勇敢だが、正しい手続きを経ずに行動した。国民が選んだ政治家たちは迷惑な存在で、ＣＩＡだけがアメリカにとってなにが最良かを知っていると信じていたケーシー元長官のような、時代遅れの傲慢なカウボーイだ」と喝破している。テネット長官も「民主主義におけるＣＩＡのあり方を理解しないカウボーイだ」とベアーを評した。

士気の低下と官僚主義の蔓延は、「質より量」という風潮につながる。ケース・オフィサーは、エージェントや情報の質よりも数で、アナリストは分析の質よりも報告書のスタイルや数で評価されるようになった。自分の友人の平社員を駐在国の「通信企業の幹部」と称してリクルートして点数稼ぎするオフィサーも現れた。

一九九七年、DIAのアナリストが一本の論文を書いた。「来るべき諜報の失敗」と題して、「マネジメントが情報収集や分析よりも評価されている。そして、優れたアナリストはどんどん減っている。諜報機関は現状維持思考の人々ばかりになっている」とする内容は、四年後の現実を予見しているかのようだ。

前述のウルジー、ドイッチェ両長官による奇妙な人事も、士気と能力の低下に拍車をかけた。作戦本部長に情報本部で分析一筋だった人物が就任したが、彼はリクルートの経験はおろか、エージェントに会ったこともない。その彼の最初の指令は、「アクセス・エージェントを全て解雇せよ」というものだった。アクセス・エージェントとは、本人は情報提供こそしないものの、エージェントを紹介する人を指す。事務職員をオフィサー同様に昇進させようという一種のPCIAの発想で、工作副本部長は「エージェントのリクルートはしない」と公言する人々を支局長に任命した。CIAには「支局長は工作を指揮しない。長官の代理を務める」という新しい「お題目」が広まったという。

冷戦終了の頃には、CIAは創設から四十年を経過していた。人間にたとえれば中年期にさしかかり、典型的な動脈硬化を起こしていたのである。CIAは発足以来、機構改革はほとんど行われなかった。IBMをはじめとする大企業が組織のあり方を根本的に見直して時代に適応してきたのとは対照的である。そこに目的意識の喪失が重なり、官僚主義と縄張り争いが激化した。ＦＢＩとの縄張り争いにＣＩＡは忙殺されてきたが、内部でもスパイ活動を指揮する作戦本部は本流意識が強く、情報本部を見下していた。対テロ・センターなどの後発の部門も新参者として軽視された。

積み上げられた改革案

九〇年代半ばになると、課報機関への提言が相次いだ。

九六年には議会スタッフによる『アメリカ課報機関改革のフレームワーク』、大統領諮問委員会（アスピン・ブラウン委員会）の『二十一世紀に備えて――アメリカ課報の評価』、外交評議会（『フォーリン・アフェアーズ』を発行していることでも知られる、アメリカを代表するシンク・タンク）のタスク・フォースの『よりスマートな課報を求めて』が提出された。

「課報機関は国民の信頼を回復しなければならない」（『二十一世紀に備えて』）、「アメリカの課報機関は深刻な挑戦に直面している。任務を十分に、合法的に遂行する能力を持っているとの信頼は欠如している」（『よりスマートな課報を求めて』）と、いずれも課報機関の現状を厳しく批判した。

『よりスマートな課報を求めて』で注目すべき指摘は、ポスト冷戦期の最優先課題の一つとして、本土および海外でのアメリカを標的にしたテロを挙げている点である。CIAが危険を恐れて人的諜報に消極的になっていることにも言及した。エージェントのリクルートに関しても、アメリカの政策に合致している限りでは、道徳的に問題のある人物でもメリットが上回る場合は利用するべきだと主張している。これは犯罪者を利用（司法取引）して他の犯罪者を逮捕するという通常の法の執行と大きな違いはない。秘密作戦の有効性を妨げないように、基準を定期的に見直すべきだというのだ。

『二十一世紀に備えて』は、「諜報機関は一つの『共同体』として、より協力して機能しなければならない。現在の機構では十分に強力な指導力が発揮されていない。権限が分散し、省庁間の壁が諜報機関間の協力を妨げている」と、ここでも同時テロで問題となる構造的欠陥をすでに指摘している。

そして、ほとんどの改革案に共通するのがDCI（情報長官）の権限強化である。代表的なのは九二年になされた上下両院諜報委員会からの提案だが、これに類する提言は九六年までの四十年間に二十六もなされてきたのだった。しかし、二〇〇四年に至るまで全く実現しなかった。

他にも、NSA（国家安全保障局）が国防総省の傘下にあって、トップが軍人である理由がなく、CIA同様に大統領直属で文民が指揮を取るべきだ、という主張もあった。

実は、CIA発足以来最大の機構改革のチャンスは一九九二年にあった。上院諜報委員会のボーレン委員長による改革案で、国家諜報センターを新設し、その長官を閣僚としたうえで、CIA・FBI両長官の報告を受けるという構想だった。ゲーツ長官もこれを支持した。しかし、CIAとFBIの内部に支持する声は少なく、反対派のリークによって、国民のプライバシーを侵害する秘密警察（ゲシュタポ）との烙印を押され、ボーレン委員長は提案を取り下げた。

これらの改革案に対して中途半端だとの批判があった。しかし、その「中途半端な」提案でさえもほとんど実現されることなく、忘れられていった。九〇年代前半は予算削減に危機感を抱いた諜報機関も、後半は予算が増加に転じて、何も根本的には変わらないままに、九〇年代は終わっていった。対照的に、アルカイダは着々とテロ作戦を準備し、実行に移していくのであった。

4章　CIAとアルカイダの「戦争」

(1) アルカイダの攻勢と手がかり

すべては一九九二年に始まった

オサマ・ビンラディンやアルカイダという名前は、二〇〇一年九月の同時テロによって初めて聞いた人がほとんどだろう。しかし、その一報を受けたCIAのテネット長官の反応は違った。「(犯人は)アルカイダだ」と叫んだように、同時テロは八年以上前に始まっていた攻勢の一環に過ぎなかった。CIAがアルカイダに対して「宣戦布告」を行ったのは九八年十二月に遡る。同時テロの一カ月前には、アルカイダがアメリカを標的にテロを計画しているというブリーフィングをブッシュ大統領自身も受けており、これは後に大統領が九・一一を知っていたのではないかとの疑惑を招いた。

ではここで、八年にわたる同時テロ前史を見てみよう。

一九八八年に結成されたアルカイダがアメリカに対して仕掛けた最初のテロは、一九九二年十二月イエメンで起きた。ソマリアでの人道支援のために国連軍の一員として滞在していたアメリカ軍人が宿泊するホテルが爆弾テロの標的となった。テロ自体は失敗に終わったが、アメリカはイエメンへの前線基地設置を断念したため、アルカイダは目的を達成した。

一九九三年にニューヨークのケネディ空港で逮捕された男は「アルカイダ」と題したテロリスト訓練マニュアルを持っていたが、二月にテロが現実となる。ラムジ・ユセフらが爆弾を積んだ自動車で行った、(第一次)ワールドトレード・センター爆破事件が起ったのだった。二〇〇三年三月にパキスタンで逮捕された、アルカイダのナンバー3のハリド・シェイク・モハメドの甥がユセフであり、モハメドの関与も疑われている。

また、この事件に関連してフィリピン警察に逮捕された犯人の自供から、アメリカの飛行学校で訓練を受けたテロリストが、ハイジャックして機体ごとＣＩＡに突入する計画だったことも、アメリカ当局に通報されている。六月には、ニューヨークの国連ビルと二つのトンネルを爆破する計画が、ＦＢＩに摘発された。計画の首謀者は盲目のイスラーム教指導者ラーマンで、他にアルカイダと関係する少なくとも六人が関与していた。

アルカイダが支援したとされるものは、他にもある。九三年十月にソマリアで起きたアメリカ軍ヘリコプター撃墜（「ブラックホーク・ダウン」）もそうだ。九四年六月にも、ハイジャックした旅客機を国連本部、ホワイトハウス、国防総省に激突させるテロの計画があると国防総省の報告書で警告がなされている。この自爆テロは、アルジェリアのイスラーム・テロ組織GIAが半年後の同年十二月にエッフェル塔を標的に試みたものの、失敗に終わった。GIAは、後にアルカイダに合流した。

九四年十二月、成田行きフィリピン航空機で爆破事件が起きた。日本人一名が死亡したが、これは一種の「実験テロ」だった。押収されたコンピューターから太平洋上を航行中の航空機十二機を同時に爆破するモハメドとユセフの「ボジンカ計画」が明らかになり、フィリピンからアメリカ当局に対して、航空機訓練学校に通う中東系に注意するべきだとの情報も伝えられた。翌年二月にユセフらが逮捕されたためこの計画は未然に防げたが、モハメドは逮捕されないまま起訴されて、ＦＢＩの最重要指名手配者となった。逮捕されたユセフはＦＢＩ捜査官に「爆薬と金がもっとあれば、ワールドトレード・センターを倒すことができた」と述べている。

「ボジンカ計画」は大統領と数人の政権幹部だけに回覧されるＣＩＡのブリーフィング（ＰＤＢ）にも記されたので、九五年末には民間航空機を使ったテロの可能性をクリントン政権幹部は知っていたことになる。同時に、ホワイトハウスや連邦議会、資本主義の象徴のウォール街などが標的であることも明らかになった。

ＰＢＳのドキュメンタリー「アメリカでの聖戦（ジハード）」が放送され、ムスリムのテロリストによる脅威が国民にも明らかになったのも、この頃である。九五年に出版されたトム・クランシーの小説『日米開戦』（原題は *Debt of Honor*）でも、日本の元自衛官の機長が民間航空機でアメリカ連邦議会に体当たりするシーンが描かれていた。

翌九六年には、パキスタンのテロリストがＣＩＡ本部に自爆攻撃するために航空機の訓練を受けたことを自白し、六月にはサウジアラビアでアメリカ軍宿舎への爆弾テロが起こる。アルカイダとは直接関係なかったが、ビンラディンは「ムスリムとアメリカの戦争の始まりだ」と述べたという。直後の八月にビンラディンは「宣戦布告」と題する「ファトワ」と呼ばれる宗教的布告（彼にはその資格はないが）を行い、アラビア半島におけるアメリカの軍事施設に対する攻撃を公然と宣言した。

アルカイダの攻撃能力の高さを示す事件が起きたのは、九八年八月のことだった。ケニアとタンザニアのアメリカ大使館が二カ所同時に爆破された。この爆破事件には、じつは前史があった。前年十一月、爆破計画の存在をアメリカ大使館に告げていた男がいたのである。彼はビンラディンが経営するケニアの企業の社員だったのだが、アメリカの対応はというと、彼を嘘発見器にかけて告白内容に疑いをもった。さらに過去にも同様の申し立てをしていたため、Ｃ

ＩＡは彼を無視した。この男はアルカイダに復帰して、アメリカに復讐する。事件の一カ月前の九八年七月にはケニア諜報機関からも警告があったが、ＣＩＡはイスラエルの諜報機関モサドに相談して、信頼できないとの回答を得たため、これを無視していたのだ。

クリントン政権の対テロ作戦の責任者であるリチャード・クラークが珍しく公の場に現れたのは、このテロ後の同年九月だった。クラークは「アメリカのアキレス腱は、マンハッタンであり、ワシントンである。これらがわれわれの最も脆弱なところだ。国家の中枢機能があるにもかかわらず、兵士や戦車や爆撃機を配備して守ることもできない」と述べている。

そして十二月には、アルカイダに対する「宣戦布告」がテネット長官からＣＩＡ幹部に伝えられた。この年にはリビアによるワールドトレード・センターへの自爆攻撃計画の情報を諜報機関は入手し、そしてアルカイダの次の目標がアメリカの空港への自爆テロで、その標的はワシントンとニューヨークだとも報告された。いずれも航空機で体当たりする計画だった。

同時テロに関する独立調査委員会は、この十年のテロ防止策の経緯を報告している。九九年三月、後の同時テロ犯アルシェヒのファースト・ネームと電話番号が、ドイツからＣＩＡに伝えられた。八月には国務・国防・ＣＩＡの三長官がアルカイダの暗殺対象になったことが明らかになり、翌月には航空機による国防総省、ＣＩＡ、ホワイトハウスへの自爆テロを、議会報告書が警告している。十二月、アルカイダはナイフで武装してインド航空機をハイジャックし、アフガニスタン行きを許してしまった。一方で同月には、カナダ・アメリカ国境で首謀者のアフメド・レサムをFBIが逮捕し、アルカイダが「世紀末の陰謀」と呼んだロサンゼルス空港爆破計画を阻止することに成功した。ドイツを拠点とするアルカイダのメンバーがアムステルダム空港の保安要員に浸透して、航空機の荷物に爆弾を仕掛けようとしているとの信頼すべき情報を入手したのも九〇年代後半のことである。

「明日決行」を傍受するも…

二〇〇〇年一月にマレーシアのクアラルンプールでアルカイダの秘密会議が開かれた。後の同時テロ実行犯となる二人が出席していたこの秘密会議を、マレーシア当局はCIAの依頼を受けて撮影し、アメリカに送った。十月にアメリカ海軍の駆逐艦コールがイエメンで爆破されたが、これをアルカイダの犯行だと諜報機関は断定した。二〇〇〇年の連邦航空局（FAA）の年次報告書も、アルカイダが民間航空機に対して深刻な脅威となっていることを指摘している。

翌二〇〇一年春になるとアルカイダの動きは活発になった。中東の衛星テレビ局はアフガニスタンのキャンプにビンラディンを訪れ、彼の支持者たちがアメリカとイスラエルに対する攻撃を準備していると報じた。二月にテネットは、議会への声明で「アルカイダはアメリカにとっての最大の脅威だ」と述べる。七月のジェノア・サミットの際にも、イスラーム教徒のテロリストが飛行機をビルに激突させる計画があるとの情報が、エジプトの諜報機関から寄せられた。この頃、アメリカ大使館を対象にした自爆テロがあるとの情報もあった。

こうして、アルカイダに対する危機感は高まっていく。

五月から七月にかけて、NSAはアルカイダの攻撃が近いことを示す三十以上の通信傍受を報告し、FBI、国務省、連邦航空局も再三警告を発する。

七月、「数週間以内にアメリカまたはイスラエルに対して大規模な攻撃が行われる」と諜報機関は警告した。アリゾナ州フェニックス支局のFBI捜査官が航空訓練学校のアラブ人に不審を抱き、捜査を求める「フェニックス・メモ」を本部に送った。しかし、本部は証拠が不十分だと判断して対応しなかった。イランからの亡命者の主張によると、彼もこの時期にCIAに同時テロ計画を警告したという（CIAは接触こそ認めたが、何も具体的証拠がなかったとコメントしている）。

八月十七日にはFBIミネアポリス支局が「二十人目のテロリスト」ザカリアス・ムサウイを移民法違反で逮捕した。彼の行動を不審に思った航空訓練学校から、ジャンボ機が武器として使われる危険性があると通報されたためだ。ムサウイについては、フランス当局から彼が過激な原理主義者と関係しているとの情報も寄せられたため、現場の捜査官はムサウイのコンピユーターを調べたいと主張した。しかし、FBI本部はまだ犯罪行為が確認できていないとして却下してしまう。後に伝えられているように、彼のパソコンには同時テロに関する情報が含まれていたようだし、また彼を監視していれば、他の十九人が電話などで接触してくる可能性もあった（ただ、後述のようにムサウイが「二十人目のテロリスト」だとする当初の容疑はやや疑わしくなっていく）。

八月になると、ブッシュ大統領にもアルカイダのテロの危険性についてのブリーフィング（PDB）が行われるに至った。そのため、大統領は事前にテロを知っていたのではないかとの疑問の声が後日あがる。これに対して、ライス補佐官は「いつ、どこで、何をする」という具体的情報はなかったと説明した。このPDBの内容は機密保持を理由にホワイトハウスが公表を渋り、独立調査委員会とも論争になる。しかし、PDBのタイトルは「ビンラディンがアメリカへの攻撃を決定」であったため、テロ攻撃の可能性をホワイトハウスが認識していたと言われてもしかたない。

アルカイダのメンバーがアメリカですでに数年来潜伏して活動基盤を築き、ビンラディンの指示のもとハイジャックを企んでいるとの報告も諜報機関からもたらされた。「多くのアメリカ人が犠牲になる。それは本土で起きるかもしれない」とは、CIAの対テロ・センター長の弁だ。

八月から九月にかけて、複数の外国諜報機関から、何事かの予兆を思わせる情報がアメリカに飛び込んできた。ビンラディンの四人の妻の一人が急遽シリアからアフガニスタンに呼び戻された、というのである。警告を発したのはロシア、イスラエル、ドイツ、エジプトの四カ国らしい。他にもモロッコ、アルゼンチン、ヨルダンから同種の情報が伝えられたとされる。

そして九月十日、NSAが「明日決行」というアルカイダの二つのアラビア語のメッセージを傍受した。しかし、翻訳されたのはテロの後だった。

(2) テネット長官の反論と実態

「宣戦布告」をどうとったか

「なぜ同時テロを防げなかった」

押し寄せるCIAへの批判に対して、テネット長官が議会で強く反論したのは、テロ後一年を経過してからだった。グラハム上院諜報委員長の「オープニング・ステートメント（冒頭声明）は十分以内に」という要請にもかかわらず、テネットは「私は一年も待たされ（沈黙させられ）た」と一時間も話し続けた。

テネットの言に耳を傾ければ、冷戦終結後のCIAは予算削減のなか奮闘してきた。そして、

「諜報の失敗」(intelligence failure)とは「焦点が当てられず、対応しなかった」ことであり、CIAと同時テロ(アルカイダ)に関しては該当しないと自らを正当化した。

CIAによると、アルカイダ対策を提案したのは一九九三年にまで遡れる。九六年に対テロ・センター(CTC)にビンラディン追跡チームが設けられ、アルカイダ対策を優先課題としてきたという。ただ、これには批判も多い。ベイルート支局長を誘拐、殺害したイスラーム教シーア派民兵組織ヒズボラを重視したため、アルカイダへの対応が遅れたとの指摘もある。九五年に中東和平を妨害する十二のテロ組織にアメリカが制裁を行ったが、アルカイダは含まれなかった。

しかし、テネットの主張はこうだ。

・二〇〇一年の議会への声明などで、アルカイダが「アメリカにとって最も緊急かつ深刻な脅威」であることは警告していた。

・同時テロの数カ月前から、アルカイダが計画中の作戦はこれまでにない大規模な人命の損失を招く恐れが強いと政策担当者に伝えた。

・同年六月にはアルカイダのアメリカに対する攻撃が近いとの兆候をつかんでいた。夏になると、国外を中心にいくつかの攻撃が計画されていることが明らかになり、いくつかは阻止した。

つまり、「宣戦布告」以降、アルカイダの動向を把握していた、というのだ。

しかし、一貫してテネットに批判的な課報委員会のシェルビー上院議員が「テネットはアルカイダに宣戦布告したにもかかわらず、その後は忘れてしまったかのように課報機関にそれを伝えようとしなかった」と指摘するように、FBIですらほとんど「宣戦布告」を知らず、NSA長官はそれをCIAだけに適用されたものだと思っていた。さらに、宣戦布告に際してのテネットの「CIAその他すべての課報機関において、いかなる予算も人員も惜しまない」との言葉とは対照的に、CTCの人員がわずかに増強された以外にはCIAでさえ目に見える変化はなかったというのである。テネット本人もこの点は認めた。

二〇〇四年のCIA監察総監の報告書も、「宣戦布告」後の九九年にCTCの予算と人員が三〇%削減されたと批判している。アルカイダに浸透しようとする努力も見られなかった。長官就任以来、人的課報の強化に努力してきたと擁護する声もあるが、「トリツェリ・ルール」や「暗殺禁止令」にも異議を唱えず、情報長官の権限強化も求めていない。クリントン政権はアルカイダに対する報復行為に消極的だったが、この点ではテネットも同様で、常にビンラディン犯人説の完全な証拠を求めたのだった。

甘かった見通し

CIAがテロの脅威を十分に理解していなかった証拠として、アルカイダに関する「国家情報見通し」（ＮＩＥ）が作成されなかったという事実は見過ごせない。これではテネットが政策担当者の注意を喚起しようとしなかったとの批判を免れないと、彼の下でテロ対策に従事した局員が退職後の著書で指摘している。テロの脅威もＣＩＡの体制が不十分なこともよく分かっていたテネットだったが、クリントンとの友好関係を優先するあまり、危機への警鐘を鳴らさなかったという。ＣＩＡはアルカイダを従来のテロリストと同じに扱い、その脅威を過小評価した。これまでの対テロ作戦とは次元の違う、準軍事作戦で戦うべき相手だった。アナリストは日々の業務に忙殺され、長期的な分析を怠った。

「ＣＩＡに大きな問題はなく、その未来は明るい」

驚くなかれ、ＣＩＡの業務を監視する監察総監の二〇〇一年初頭の言葉である。

「それは、規律、戦略、焦点、行動の記録である。われわれはこの記録を誇りに思っている。アルカイダとは五年以上にわたって戦争状態にあった」

こちらは、同時テロの五カ月後に公式の場で初めてこの事件について語ったテネット長官の言葉だ。テネットは、「われわれのテロリズムに対する戦いを検証することを歓迎する」とも述べたが、これらの言葉を同時テロの被害者と遺族はどう思うだろうか。

予算削減の悪環境下での孤軍奮闘を強調するテネットだが、冷戦終了とソ連崩壊で不要となった多くの予算と人員については何も触れていない。ＣＩＡは、対ソ連要員の解雇や機構改革に反対する一方で、中東専門家の採用と育成の必要性は指摘されていたのに実行されなかった。ラムズフェルドは国防長官に就任すると、賛否渦巻くなか、冷戦思考の軍人たちの尻を叩いて、ポスト冷戦期型の軍に変身するための改革を行った。同時テロの四日前に『インサイト』は、「傷ついたCIAはいまだピットの中」という論説を掲載していた。予算にして世界二百余カ国の諜報機関の合計額を上回るCIAなどが、それに見合う仕事をしたと言えるだろうか。公式には失敗も責任も認めないCIAだが、内部からも「たしかに我々は致命的な失敗をした。情報収集の致命的な失敗を防ぐのが任務なのに」という声も上がっている。

（3）機能しないCTC

テロへの認識にギャップが

CIA長官を退任した直後の一九九七年、ドイッチェは『フォーリン・ポリシー』に寄稿して、CTC（対テロ・センター）を「省庁間の効果的な協力のモデル」と自賛している。CIA長官直属のCTCは、アメリカの諜報共同体の全機関が世界中で収集する情報を集め、それを分析する。一方で、外国諜報機関が持つ自国のテロリストについての情報提供を受ける努力もしている。

ＣＴＣは一九八六年、ＣＩＡを中心にＦＢＩからも集められた二百人のスタッフで産声を上げた。初代ディレクターのデュアン・クラリッジは伝説的なオフィサーであったが、受動的な政府のテロ対策に不満を感じていた。そのため、ＣＴＣに二十五人の積極的なオフィサーを集め、テロリストに先手を打とうと意気込んだ。地域別の作戦本部の伝統を打ち破っただけでなく、情報本部、科学技術本部をも横断する画期的試みだった。しかし、作戦本部は敵意を剝き出しにし、なかでもヨーロッパ部と中東部は、これまでの自らの仕事を否定されたと受け止めた。各支局長が部下にＣＴＣへの志願を禁止したため、クラリッジは一本釣りしてリクルートせざるを得なかった。作戦本部には対テロリスト作戦は警察の仕事だと蔑視する者さえいた。結局、ＣＴＣの陣容はアナリストが中心となったため、分析部門の性格が強くなり、国外での情報収集は各支局に依頼することが多くなる。

官僚組織につきものの縄張り争いも激しかった。本流意識の強い作戦本部と支局は、新参者であるＣＴＣと協同歩調をとらず、情報や権限を譲ったりもしなかった。ＣＴＣ自身も、対麻薬センター（一九八七年）、カウンターインテリジェンス（防諜）・センター（一九八八年）、不拡散センター（一九九一年）など、同時期に新設された部局と派閥争いを始めた。テロリストはグローバルに行動するのに、支局は国単位でしか対応しないギャップもあった。

「書類整理ユニット」

現実的にも支局は慢性的な人員不足に陥っており、CTCが要請しても協力できないことも多々あった。一九九〇年代にヨーロッパがイスラーム過激派の拠点となっていたことは明らかで、ロンドンの書店では対米テロを主張する本が堂々と売られていた。スペインでもアルカイダと関係する組織が当局の監視下に置かれて、後の同時テロ犯でドイツにいたアタとの電話の盗聴にも成功していた。にもかかわらず、ヨーロッパ在住のCIAスタッフにアラビア語のできる人間は一人もいなかったのだ。現実に直面したクラリッジは不満を感じてわずか二年で退職した。

発足時にCTCの一員だったロバート・ベアーの証言でも、監視対象の八〇％がアラビア語を話すのに、アラビア語の使い手はCTC全体で二人しかいなかった。ペルシャ語（イラン）、パシュトゥン語（アフガニスタン）、トルコ語は一人もできなかった。敵の使う言葉もできないスタッフに占められたCTCは「書類整理ユニット」と堕す。無力なCTCは、士気の低下した九〇年代のCIAで出世コースではないと敬遠され、地盤沈下して行く。アルカイダを必死に追いかけていたCTCのスタッフは、その脅威を理解しない他の部門から嘲笑さえされていたと独立調査委員会に語った。

CIAとFBIの縄張り争いに加えて、諜報機関と捜査機関の法的障壁が両者の協力を阻害してきたと言われるが、CTCはFBIなどから合法的に入手できる情報収集にも消極的だったという指摘もある。その声の主、ジャーナリストのロウリー・ミロイは九四年に諜報共同体に対して、前年のワールドトレード・センター爆破事件に関するブリーフィングを、民間人にもかかわらず行った。そこで、この事件の公判で示されたラムジ・ユセフの指紋などの情報が紹介されると、CTCのメンバーはその存在すら初耳で、喜んでコピーを持ち帰ったという。

作戦本部や支局の非協力の原因として、CIAトップの指導力の欠如、対テロ作戦の優先順位が高くなかったことも指摘されている。前述のテネットの長官就任に反対するオフィサーたちの手紙にもあったが、対テロ作戦が相手国との外交関係に悪影響を及ぼすと懸念する現地大使館（国務省）の声に負けて作戦が中止されることもあった。NPC（不拡散センター、現武器情報・不拡散・軍縮センター）も、二〇〇〇年までにスタッフの四〇%をCIA以外から迎えるという目標を掲げたが、実際には二〇%にとどまり、諜報機関の融合が難しいことを証明している。

（4）議会合同調査委員会報告書

反目しあうCIAとFBI

同時テロに関する議会上下両院合同調査委員会（ヒル事務局長）の報告書は、二〇〇三年七月に公表された。報告書の日付は二〇〇二年十二月となっており、調査自体は三カ月で終わり、その後六カ月余は機密情報の取り扱いについて、ブッシュ政権対議会（特に民主党）の攻防に費やされたため、公表が遅れた。

結論としては、諜報機関はオサマ・ビンラディンとテロ活動についての有用な多くの情報を事前に入手していたものの、「九・一一」の時間や場所、テロの性格を特定できる材料はなかった。しかし、もっと情報の集約（connecting dots）と分析を行い、焦点を絞っていたら、アメリカ国内でのテロに対する注意を喚起できたはずだ。結局、諜報機関はアルカイダの作戦の複雑さと戦略的な深さを理解できずに、テロ対策の優先順位を上げようとしなかったという。

NSAは、具体的な計画こそ含まれていなかったものの、同時テロの実行犯たちの通信を九九年から傍受していた。二〇〇一年九月八〜十日にかけて、テロリストの活動が差し迫っていることを示す通信を傍受しながら、事件後まで翻訳や伝達をしていなかったことは前述の通りだ。

この報告書で新事実として明らかにされたのは、サンディエゴ在住のFBIへの情報提供者が、ハイジャック実行犯でクアラルンプール会議にも出席したアルミダルとアルハズミの二人と、長期にわたって接触していたことである。ということは、クアラルンプール会議の情報を

ＣＩＡがＦＢＩに伝えていれば、情報提供者が二人についての重要な情報をもたらす可能性があったのだ。同時テロを阻止する大きなチャンスが、ここで一つ失われていた。

ＦＢＩのテロ対策の捜査の対象となっていたオマル・バユミが、二人に対してサンディエゴに住むようアドバイスしていた事実も明らかになった。

もう一つの新事実は、ＦＢＩのミネアポリス支局が、同時テロ計画にかなり近づいていたことである。八月十一日、ミネアポリス支局は、本部の対過激派原理主義者ユニットに対して、ムサウイがヨーロッパからアメリカに向かう航空機を標的にした陰謀に関与している「自爆テロ犯」の可能性があるとの電子メールを送っていたのだ。しかし、ミネアポリス支局は、外国諜報監視法（ＦＩＳＡ）について、事前のレクチャーを受けていなかったために誤解してしまう。本部からのアドバイスに基づいて、捜査令状をとるには「指定された外国勢力」の一味でなければならないと信じており、アルカイダとチェチェン武装勢力の関係を立証するという不必要な作業を行ったため、貴重な時間と労力を浪費した。実際は、いかなる国際テロリストグループでも捜査はできた。ＦＢＩの法律顧問も、テロ計画が残されていたとされるムサウイのコンピューターを調べるには法的根拠がない、と誤った判断を下した。組織全体として外国諜報監視法に関する法的理解の不足が白日の下に晒されたのだった。

重要視されていなかったTIPOFF

テロ対策全般でFBIの対応は消極的だった。九四年に原理主義過激派対策チーム、九六年には独立した対テロ部門を設けたが、現場レベルでの活動に変化はほとんど見られなかった。FBIは否定するが、スコウクロフト元安全保障担当補佐官（大統領諜報諮問委員会委員長）の指摘によれば、優れた捜査官は犯罪対策に充てられ、テロは軽視されていたという。クリントン政権のテロ対策責任者だったリチャード・クラークは、二〇〇〇年に数カ所のFBI支局を訪れて現場の捜査官に質問したところ、「アルカイダって何ですか」と聞き返されたというエピソードを、調査委員会に明らかにした。

同時テロ後に批判を集めた分析部門でも、九六年に五十人の戦略アナリストを採用したものの、自らの役割に不満を抱いて大半が二年以内に退職してしまう。二〇〇〇年には、アルカイダを担当していた五人の戦略アナリストが他の任務に配転され、事態を悪化させた。語学力の不足はFBIも深刻で、外国諜報監視法に基づいて収集されたアラビア語資料の三五％が未翻訳、またはレビューさえされずに放置されていた。

結局、FBIも二〇〇一年五月段階でテロリズムの危険性を「低」と評価し、六月には「アメリカ国内でのテロを示唆する信頼できる情報はない」「海外のアメリカ施設に対する潜在的脅威は存在する」と分析したにすぎなかった。この面での失敗は、モラーFBI長官自ら認めている。同時に、FBIのコンピューター・システムは、他の諜報機関はおろか、司法省ともリンクされていない「張り子の虎」だったことも明らかになった。

アフガニスタンがテロリストの聖域になっていたことも障害となった。一九九八年に「テロリストに聖域はない」と宣言したクリントン政権だったが、同年八月に巡航ミサイルで攻撃しただけ。議会も世論も、同時テロ以前はアフガニスタンへの軍事攻撃を支持せず、CIAもFBIもアフガニスタンのテロリスト・キャンプに浸透する手段はなかった。

皮肉にも、テロリストにとって最も安全なのはアメリカ国内だった。テロ対策に従事した捜査員によると、アメリカにいるイスラーム過激派の情報については、出身国の諜報機関の方が詳しいことさえあった。彼らの方が深刻な脅威と認識していたためだ。

前述のように一九九五年には、CIA本部への航空機による自爆テロを含む「ボジンカ計画」（アメリカとイスラエル大使館の爆破およびローマ法王の暗殺）をフィリピン当局が摘発した。しかし、FBIはこれを「議論の段階」に過ぎない計画だとして、ファイルにさえ残さず無視した。九八年にも、ワールドトレード・センターへの航空機による自爆テロを正体不明のアラブ人が計画中との情報が外国機関から伝えられたが、アメリカ諜報機関は「ありそうもない」として何の対応もしなかった。

同時テロ一週間前の九月四日、ムサウイを入国管理法違反で取り調べた際の記録はメモとして伝達されたが、彼が航空機操縦の訓練を受けているなどといった、高まるテロへの危機という文脈で有用な情報は何も含まれていなかった。

クリントン政権ではFBIがテロ対策の「主導的機関」の地位にあったが、アメリカ本土に対する脅威を定期的に評価する任務を担う機関は一つもなかった。CIAとNSAの認識は国外で得た情報をFBIに伝達さえすれば良いというレベルにすぎない。しかし、FBIにはテロリストに対処する能力はなく、逆にCIAに頼った。FBIもアルカイダがテロを計画していることは把握していたが、九八％の確率で国外のアメリカ関連施設が標的だと考えてしまった。バーガー安全保障担当補佐官も「アメリカ国内ではイスラーム過激派の活動は盛んではなく、FBIは全て把握していると述べていた」と証言している。いくつかの捜査を行ったFBIだったが、幹部やアナリストは全体像をつかむことに失敗した。

アメリカには十一万人分のテロリスト監視リスト（TIPOFF）がある。これは一九八七年に作られ、国務省の管理のもと、政府内の共通データベースになっているが、CIAはこれに関して一つのミスを犯す。二〇〇〇年一月のクアラルンプール会議の後で、後のハイジャック実行犯二名をこのTIPOFFに載せなかった。さらに、同年十月のアメリカの駆逐艦コール爆破事件の捜査によって、首謀者がこの会合に出席していたことが判明したにもかかわらず、またもや国務省に通報しなかった。リストに載せていれば、FBIの監視対象になっていたはずだ。同時テロ後になって、CIAは慌てて千五百もの機密情報報告書を提出し、五十八人のテロ容疑者がリストに加えられた。

じつは、CIAでは一九九九年の内部通達によって、テロリストの可能性がある全ての人物をTIPOFFに通知することが定められていた。しかし、CIAはテロリストのアメリカ入国の兆候を察知した場合のみ通知し、その段階に至らなければアルハズミとアルミダルのように、アメリカ入国を間接的に示唆する材料がある場合でさえ通報を義務づけなかった。現実にはテロリストの旅行計画を全て把握するのは不可能であるから、数百ないし数千人がTIPOFFから漏れていた。この点に関してCIAはスタッフへの徹底も怠り、CTCでアルカイダ専従だったスタッフでさえ、このTIPOFFを重視していなかったと証言している。

（5）CIAとFBIの「五十年戦争」

「ターフ」と「ストーブパイプ」

アメリカの諜報機関について調べていると、最も頻繁に目にする言葉が「ターフ」と「ストーブパイプ」だ。「ターフ」は縄張り争い、「ストーブパイプ」は情報を上司には上げるが、他の機関や部署（例えばCIAの作戦本部から情報本部）に伝えないことを意味する。これは、C

IAとFBIの確執を物語る重要な言葉だ。

一九九八年のテネット長官が発した「宣戦布告」がFBIにはほとんど伝わっていなかったし、翌九九年にも伝達漏れが生じている。アルカイダがハイジャックした航空機で、国防総省、ホワイトハウスを攻撃する可能性があるとNIC（国家情報会議）が警告したが、CIAはFBIにそれを伝えなかったというのだ。

同時テロの実行犯アルハズミを二〇〇一年一月以降、監視していたCIAは、彼のアメリカ入国を確認していた。その事実をすぐにFBIに伝達しておけば、アメリカ国内での権限を持たないCIAに代わって監視が続けられたはずだ。アルミダルがコール爆破事件の容疑者と関係があることを知っていながら、CIAが国務省に知らせなかったために、二〇〇一年六月に期限の切れた観光ビザを延長してしまった。移民帰化局（INS）との相互連携が万全だったら、二人の入国は拒否されたのである。これらの事実はFBIがメディアにリークしたことによって明らかになった。

アルミダルとアルハズミ、この二人をFBIが監視していれば、実行犯全員を特定できたと指摘するメディアもあるが、実際にFBIが動き出したのは、テロのわずか三週間前だった。アルハズミは二〇〇〇年九月に本名で銀行口座を開き、運転免許もクレジット・カードも持っていただけでなく、電話帳にも載っていた。

二〇〇一年六月にニューヨークでCIAとFBIの会合があり、やっとCIAはクアラルンプールで撮影した四枚の写真を提示する。しかし、FBIがマレーシアでのアルカイダの会合についての詳しい情報を要求したところ、CIAは機密保持のため写真のコピーすら提供できないと断った。同様にFBIもテロ実行犯と接触していたエージェントの件、「フェニックス・メモ」、ミネアポリス支局からの情報をCIAには伝えなかった。

諜報機関の縄張り争いはCIAとFBIだけに限らず、現場レベルでは良好な関係を築けても、トップや中堅レベルになると問題があると議会の報告書は言う。

具体例はいくつもある。

NSAの抵抗

CIAとNSAは技術開発をめぐって反目しあった。NSAが技術の開発と利用を独占しようとしていると捉えたCIAに対して、NSAは自らの領域にCIAが割り込もうとしていると、互いに敵視したのである。九八年に中東関連のSIGINTに従事した軍人によると、CIAとNSAを交えた三者の議論が必要なのに、両者は同席しようとせず、二度の会議開催を余儀なくされた。諜報共同体の中で航空機によるテロの可能性も共有されず、FBIの対過激派原理主義者ユニットのチーフですら、そのような報告書の存在も知らなかった。九九年初頭、

NSAは中東のアルカイダ関連施設の通信を傍受し、アルハズミという名前を把握していたのだが、その名の重要性について知らされていなかったため、CIAに報告する必要のない情報だと判断された。

テロ対策の拠点であるCTCにはFAA（連邦航空局）とDIAの双方から分析面での支援提案があった。ただ、この二機関は支援の見返りとして、CTCが握る情報へのアクセスの拡大を求めたため、CTCから情報源と入手方法（sources and methods）を守るという理由で拒否されてしまう。

歴史的にみても、アメリカの諜報機関の縄張り争いは特別に激しい。CIAはその前身の戦略情報局（OSS）発足以来、FBIとの権力争いが続いている。「大統領たちが最も恐れた男」と呼ばれた伝説のFBI長官で、今も本部建物にその名を残すフーバーは、世界中に捜査官を配備するFBI特別情報部の構想を一九四〇年に提案し、対外情報活動を独占しようとしたが失敗に終わる。四七年には、自らの権限を奪うCIA構想をつぶすためにマスコミにリークし、生涯CIA長官を無視し、ほとんど口も聞かなかった。

紆余曲折を経てCIAは発足したものの国内で活動する権限を認められず、FBIはフーバーの主張どおり、自らの縄張りを守った。フーバーは、CIAが国内で活動する権限を持てば、ナチス・ドイツのゲシュタポのような秘密警察化すると、「自由の国」アメリカ市民の危機感を煽った。しかし、ゲシュタポは海外での活動権限を持っておらず、「CIA＝ゲシュタポ」という例えはためにするものでしかなかった。百歩譲って、CIA創設時には国境の内外での分担は可能だったかもしれない。しかし、その後は海外旅行も容易になり、「テロリストはグローバルに活動するのに、こちらは国境で手分けしている」という状況になる。同時テロで実証された通り、国境をはさんで真空地帯が生まれ、CIA長官は「人間の体を二つに分けるようなもの」とその理不尽を嘆いていた。

フーバーの死後、多少は関係が改善されたが、縄張り争いは続く。一九八三年のベイルートでのアメリカ大使館爆破事件では、CIAの対応に怒ったFBIチームが予定を切り上げて帰国した。八六年にはイラン・コントラ事件でFBIがCIA本部に対して前代未聞の家宅捜索を行ったが、それはCIAのFBIに対する敵意を強めるだけだった。そして、前述のように元FBI長官のウェブスター判事がその清潔さゆえに（だけで）CIA長官に就任するという、これまた前代未聞の人事が起こる。「CIAを元FBI長官に指揮させるぐらいなら、カブスカウト（ボーイスカウトの幼年団）の分隊指導者の母親の方がましだ」との歴史家の言葉が有名だ。

一九九〇年の上院での討論は結論として「正論」を導き出した。つまり、FBIとCIAの相互不信や嫌悪を捨てよと命じるだけでは不十分で、根本的に諜報機関の再編成を行うのが唯一の解決策だというのだ。しかし遅々として進まない。九三年二月のワールドトレード・センター爆破事件でも、CIAとFBIの連携の失敗、外国から提供された情報の軽視が指摘される。この時、犯人のコンピューターがフィリピン当局に押収され、アメリカに送られた。CTCはディスクを捜査中のFBIに送ったが、一部が削除されていた。

CIAの非協力的態度に立腹したFBIのフリー長官は、CIAの防諜センターにあったFBIのオフィスを廃止し、同年末に開かれた両者の情報共有の実現のための会議も決裂する。

FBIの国際テロ部門とCIAのCTCは、お互いにナンバー2クラスの人材を交流させていたのだが、クリントン政権下のレノ司法長官はその事実を知らなかったという逸話のほうが実態を示す。九〇年代半ばからは、双方の対テロ部門のトップ四人ずつからなる「八人組」が組織されて理解を深めたが、FBIのブライアント副長官が退任すると自然消滅し、ようやく再開されたのは同時テロ後だった。

「大統領決定指令39」

CIAとFBIの対立は単なる権限争いや官僚主義よりも根深く、文化や使命も異なっている。HYP（ハーバード、イェール、プリンストン）を中心としたアイビーリーグ出身者の多いエリート主義のCIA、泥臭いFBIという肌合いの違いがある。酒の嗜好にしても、FBI

がビールやウィスキー派なのに対して、CIAはフランス・ワインを好む。

そもそも、FBIは法を守るために存在し、CIAは（外国の）法を破るために活動している。FBIにすればCIAからは情報を提供されて当然だというスタンスだが、FBIの使命は犯人逮捕で、その証拠は法廷で公開される前提になっている。しかしCIAにとって、情報源と入手方法（sources and methods）が明らかにされるのは死活問題だ。犯罪者を摘発しようとするFBI、犯罪者を泳がせたり、利用してでも情報を入手して、将来のテロを防ごうとするCIAという、両者の使命が本質的に相容れない場合もある。

一九九四年から二〇〇一年にかけて、クリントンは一連の指令によって、CIAの権限をFBIに移した。九五年の「大統領決定指令（PDD）39」は、FBIを対テロ作戦の「主導的機関」（lead agency）に指名した。レノ司法長官とフリーFBI長官の働きかけ（ロビイ活動）の成果であった。そして、FBIが海外の大使館のCIAポストを奪って自らの物にしていく。

ちなみにFBIは、麻薬捜査で協力すべきDEA（麻薬取締局）とも犬猿の仲だった。女性捜査官の著書『FBI特別捜査官キャンディス』によると、FBIはDEAを「カウボーイ」と見下し、"Don't Expect Anything"（「何も期待するな」）とか、"Drink Every Afternoon"（「午後は毎日酒盛り」）と嘲った。一方のDEAは、FBIを「デスクワーク専門の腰抜け野郎」と軽蔑し、"Famous But Incompetent"（「有名だが無能」）と揶揄している。

諜報機関の縄張り争いはアメリカに限らずどの国でも激しい。ソ連でもCIAの宿敵KGBと軍の諜報機関であるGRU（参謀本部情報管理本部）が犬猿の仲で有名だった。スパイ小説の大家フレデリック・フォーサイスによると、イギリスでも、国内担当の防諜機関のMI5はCIAに相当する国外担当機関、通称MI6（正式にはSIS）を陰では「TSAR」（ツァー、ロシアの皇帝あるいは独裁者）と呼んでいた。両者がテムズ川をはさんでいるため、"Those Shits Across the River"「川向こうのくそったれ」なのだ。

先進国の中では諜報活動に消極的な日本も縄張り争いだけは英米なみだ。二〇〇一年の省庁再編で、内閣情報官が特別職（政治的任命）に格上げされ、ここで情報を一元化し、日本版情報長官を目指した、という報道もあった。しかし、翌年の日朝首脳会談後、北朝鮮問題がクローズアップされると、不文律を破って、公安調査庁長官、警察庁長官、防衛庁情報本部長が内閣情報官の頭越しに首相に競って会い始めたのであった。

（6）「スーダン・ファイル」と「ロシア・ファイル」

接触のチャンスはあった

前述のようにアルカイダのようなテロリスト・グループには決定的な「深い情報」は期待で

きず、「幅広い情報」を収集するしかないと指摘したのは、外務省元国際情報課長の北岡元氏である。

しかし実際には、アルカイダについての「幅広い情報」を入手する機会はいくつもあった。ビンラディンらが九一年から九六年まで滞在したスーダンは、アルカイダに関する詳細なファイルを持っていた。二百人のメンバーの経歴、写真、パスポートのコピー、戦略、資金源、取引記録、ビンラディンの電話やファックスの盗聴記録などである。そして、九五年には、このファイルの提供をアメリカに申し出ていたのである。「このデータを事前に入手していれば、同時テロを防げたかもしれない」と、あるCIA高官が述べているほど貴重なもので、彼のネットワークの全貌を解明し、追跡も可能だったといわれている。九七年にもスーダンの大統領がハミルトン下院議員に手紙を書き、FBIが同国を訪れれば「ビンラディン・ファイル」を見せると提案した。

スーダンからアメリカへの接触は他にもあった。

九六年にはビンラディンを逮捕し、身柄をアメリカに引き渡すとの提案も行っている。しかし、アメリカは逮捕するに十分な証拠がないとしてこの提案を受け入れず、スーダンからの国外退去を求めた。五月にビンラディンはアフガニスタンに出国。これによって、スーダン当局はビンラディンらの監視ができなくなったことを嘆いた。

九八年にも、アフリカのアメリカ大使館同時爆破事件に関して容疑者二名を捕らえて、以前から持っていた詳細なデータと共にアメリカに引き渡す用意があることを伝えた。しかし、この申し出に対してクリントンが選んだ行動は、大使館爆破への報復としてスーダンを巡航ミサイルで攻撃することだった。結局、標的もビンラディンと関係する化学兵器工場だと誤解したことがのちに判明する。「ビンラディン・ファイル」をアメリカに見せることもなく、スーダンは容疑者をパキスタンに出国させた。CIA作戦本部の工作員は、本部やホワイトハウスにスーダンの提案を伝えなかったという説もある。CIAは伝説のテロリスト・ジャッカルの逮捕劇でも衛星による情報を提供してスーダンに協力していた。

また、ロシアもアルカイダとタリバンに関する包括的な報告書を、二〇〇一年三月に国連に提出していた。同時テロ発生の半年前である。そこには、アフガニスタンにあるアルカイダの五十五カ所の基地や事務所、ビンラディンやタリバンと関係するパキスタン政府高官三十一名についての情報が含まれていた。ロシア（ソ連）は七九年にアフガニスタンを侵攻し、十年間占領していたため、タリバンやビンラディンに関する情報を豊富に持つ。アフガニスタンから撤退した後も、この地域での諜報活動を続け、アフガニスタン政府の協力者、現地語のできるエージェント、複雑な情勢に通じたアナリストを確保していた。

ロシアは二〇〇〇年にも、タジキスタンの基地を提供すると申し出たが、クリントンはアルカイダ（アフガニスタン）への攻撃を行わなかった。ロシアはテロ対策に消極的なクリントンに不満を示していたが、後任のブッシュの態度も同時テロまでは同じだった。

軍事専門誌『ジェーン』によれば、アメリカはアフガニスタンでパシュトゥーン人協力者のネットワークを形成しておくべきだったという。アフガニスタンでのタリバンの不人気、パキスタンとイラクの難民キャンプの悲惨な状況を考えると、協力者を獲得することは難しくなかった。アルカイダに浸透できないまでも、間接的な情報収集は可能だった。ロバート・ベアーもアルカイダにアプローチしようとしたが、本部の協力が得られなかったことはすでに述べた。

そのベアーが嘆く。「それさえあれば九月十一日の惨劇を阻止できたというような決め手はなかった。しかし、私がスカウトした……（ＣＩＡによる伏せ字）のようなエージェントと会ったり、彼をアクセス・エージェントとして使って、ビンラディンのことをもっとよく知っている人物に近づくということもしなかったとなれば、そもそも、阻止のしようなどあるはずもなかった。実際、ビンラディンは自らのネットワークを作り上げるのに、あちこちの代理人を利用していたし、彼が何を企んでいるかを教えてくれたかもしれないグループなり、情報源はいくつもあった」。

予言されていた失敗

「時は二〇〇一年である。諜報予算は（削減）圧力の下にあり、人員も減り続けている。官僚主義的政治と議会の特権は継続し、分析部門はますます細分化される。世紀の変わり目までに分析部門は危険なまでにばらばらにされた。諜報機関は事実の収集はできるが、アナリストは情報の洪水に圧倒され、重要な事実と単なる雑音の区別ができない。分析の質はますます疑わしくなる。これまでの失敗と同様、問題は情報収集ではない。データはあったのに、その意義を認識できず、正しい文脈で理解できないのだ。政治・経済・軍事・社会・文化的要素の関係がいっそう複雑になっているのに、どの機関も本当に統合された分析を行う態勢にない。二〇〇一年諜報の失敗は不可避である」

諜報予算が増加に転じたことを除けば、恐ろしいほどに今日の惨状を見通している。一九九七年、CIAの研究誌にDIAのアナリストが寄稿した論文である。情報収集にばかり関心が集まるが、分析面でも問題点は指摘されていた。同時テロ後、「点を線にする」（connecting dots）、つまり、断片的な手掛かり（情報）を集約するというのが合言葉となったが、この論文は四年前にその問題を見通していたのだ。「生き残りへの青写真」と題された論文は、諜報機関の抜本的改革を訴えたが、前述の「積み上げられた改革案」が一つ増えただけに終わってしまった。

5章 「罪なき者、石を投げよ――そして、誰もいなくなった」

(1)「内政重視」と徴兵忌避でCIA嫌いのクリントン

ウルジー長官との直接会談は二回のみ

アメリカに対する史上最悪のテロ計画が密かに進められている時に、「安全保障に最も関心を持たなかった大統領」と政権の高官も認めるクリントンが二期八年間も務めたのは悲劇だった。初当選した一九九二年の大統領選挙でも、現職ブッシュ（父）の「内政軽視」を徹底的に批判し、クリントンの選挙事務所に貼られた有名な標語「争点（問題）は経済だ」（"It's the economy, stupid!"）は象徴的だ。民主党大会での指名受諾演説で外交に言及したのは四千二百語中百四十一語だった。二期八年のクリントン政権を象徴するエピソードに、当選翌日にブリーフィングに来たＣＩＡスタッフを追い返したというものがある。

イスラエルやロシアが行っていたとされるホワイトハウス盗聴疑惑も、クリントン政権の低いセキュリティ意識に原因があり、エリツィン大統領がクリントンの情事の様子を聞いて楽しんでいたという噂まである。ホワイトハウスで空軍の副官を務めたパターソン中佐も、クリントンが核兵器使用の際に必要となるコードをなくした前代未聞のエピソードを明らかにしている。

クリントンだけに限らず民主党政権にありがちな姿勢として、政府高官は総じて諜報機関に対する嫌悪感を隠そうとせず、特に人的諜報には厳しかった。濡れ衣を着せてベアーを退職に追い込んだアンソニー・レーク補佐官の態度がその典型である。批判派に言わせれば、クリントン政権高官は、一九六〇〜七〇年代のＣＩＡの違法行為やＦＢＩのキング牧師への監視などしか記憶にない。

映画『ブラックホーク・ダウン』で有名になったが、九三年にソマリアでアメリカ軍のレンジャー部隊十八人が戦死した。その際の国家安全保障会議（ＮＳＣ）の様子をジェラルド・ポスナーが明らかにしている。その会議には広報担当の秘書やストファノポウロス顧問といった、機密保持や議論への貢献に疑問のある人物が加わっていた一方で、ＣＩＡからはソマリアをよく知るスタッフの参加が、機密保持を理由に禁じられた。ＣＩＡのウルジー長官が専門家の意見を伝えても「騒音」扱いされて、PRしか頭にない素人のストファノポウロスの意見が議論を支配した。

前述のように閣僚でもなく、予算権と人事権を国防長官に握られているCIA長官にとって、大統領との関係性が交渉力となる。クリントンとウルジーはもともと面識がなく、モグラが発覚したエームズ事件でさらに距離が生まれた。

クリントンがウルジーを無視するようになったのはクリントンの私怨という説もある。クリントンが自らの友人（Friends of Bill）をCIAの法律顧問に推薦したのに断られたからだというのだ。

結果、ウルジー長官が在任中に大統領と直に話し合ったのはわずか二回、という信じがたい話も有名だ。低い地位のスタッフにCIA長官の相手をさせ、ホワイトハウスでのクリスマス・パーティーへの招待状もウルジー夫妻のもとに届いたのは二日後という始末だった。

嫌気がさして辞任したウルジーだったが、その後はこんなジョークを自ら披露している。ホワイトハウスに小型飛行機が突っ込んできた事件があったが、スタッフは「ウルジーに違いない。注目を集めるためにあいつがやったんだ」と言ったという。ウルジー自身、クリントンとは「関係が悪かったというよりも、関係がなかった」と告白している。

二〇〇三年のイラク戦争後にブッシュ政権が批判を浴びるが、クリントン政権にもいくつもの「情報の政治化」疑惑がある。イラク問題で政権の意向と異なる発言をしたドイッチェ長官は退任させられ、ロシアのチェルノムイルジン首相、チュバイス副首相の汚職に関するCIA報告書は、彼らの「改革路線」を支持するアメリカの政策に反するとして、ゴア副大統領が突き返した。

一九九三年秋にクリントンとゴアは、ハイチのアリスティード大統領について懐疑的な諜報機関の分析を公に批判したが、それは異例の事件であった。アリスティードに精神病の入院歴があり、政敵の暗殺にも関与しているとの誤った内容だったが、CIAが病院に真偽の確認をするだけで分かるほどの簡単な失態である。

しかし、クリントンは「CIAの情報はいつも正しいとは限らない」などと公言するべきではなかった。ゴアも「アリスティードについての分析は確証がなく、彼の政敵が情報源だ」と非難した（ちなみにアメリカの後押しで大統領になったアリスティードは、貧困解消には無力なうえ、自らは豪邸に住んで、反対派を暴力で弾圧するという典型的中南米の独裁者だったが、二〇〇四年失脚する）。九八年のインドの核実験を阻止できなかった一因も、クリントン政権が自らに都合の悪い情報に耳を傾けようとしなかったことにあると、当時のCIA不拡散センター長は証言している。

また、経済利益優先（「問題は経済だ」）のクリントン政権下では、経済制裁を発動しないのが基本方針だった。中国による北朝鮮とイランへの大量破壊兵器輸出の証拠をつかんで報告しても、それが政権運営に反映されることは少なかった。これらのエピソードが他の諜報機関に伝わるに及んで、クリントン政権は自らの政策に不都合な情報には耳を塞いでいるという姿勢が暗に示された。

CIAは自主検閲を始め、分析を脚色し、情報の選別も行う。これによって士気の低下に拍車がかかった。クリントンの選挙アドバイザーだったディック・モリスは、クラウゼビッツの「戦争とは他の手段をもってする政治である」をもじって、クリントンにとっては「外交とは他の手段をもってする経済学である」と皮肉っている。そもそも、大統領選挙中は、「現職のブッシュ（父）のようには中国を甘やかさない」と強がったにもかかわらず、当選後は誰よりも中国に甘かった。不思議に、この「掌返し」は批判されなかった。

結局、ウルジー、ドイッチェ、テネットといずれもクリントンとは終始、疎遠だった。知事出身でワシントンでの経験もないクリントンの躓きの第一歩は、面識のない人物をCIA長官に指名し続けたことだった。余談ながら、某国の著名な国際政治学者の体験談を紹介しよう。アドバイザーを務めていた政治家が悲願の大統領に当選し、彼は諜報機関のトップへの就任を求められた。しかし、アドバイザーではあったものの、人間関係自体が親密ではなかった教授は「このポストには本当に信頼している人物が就くべきです」と断った。すると、新大統領は

「今日からあなたを信頼します」と言って、なおも就任を求めたが、教授は断った。クリントンやウルジーたちにはこの教授のような見識はなかったのだろうか。

最初の国防長官アスピンも二年足らずで辞任に追い込まれるが、このアスピンも大統領とは疎遠だった。まさに「クリントンの人事は鬼門」。

九三年のWTC爆破は「犯罪」

国防・CIA長官を無視したクリントンがテロ対策に敷いた布陣は最悪だった。PCを旗印とする政権の方針から、FBIを監督する司法長官の人選は初めから女性と決まっていたため、ヒラリー夫人のフェミニスト人脈から第三の候補だったレノが選ばれた。ところが、レノはテロどころか犯罪にさえ全く関心がなく、司法長官としての目標は子供の権利の保護であった。レノは外国諜報監視法の解釈を厳格化して防諜に関する盗聴の許可を困難にし、九四年にはFBIと司法省の国内治安犯罪部門の接触を禁じた。両者は話をすることさえ許されず、情報共有も不可能になった。財務省とFBIがイスラーム過激派の資金源とされる基金の資産凍結を勧告し、FBIがこの基金に対して動こうとするたびに、司法省の幹部に「お金が子供の命を助けるためのものでないと、どうやって証明できるのか」と却下された。同時テロ後にレノの法解釈は誤りであると裁判所が認め、クリントン自身も九五年には「レノの指名は最悪の失敗だった」と側近に漏らしていた。

国務長官のオルブライトも同様のフェミニストで、アフガニスタンのタリバン政権を「女性の権利が尊重されていない」という理由で批判したエピソードは有名だ。一期目の安全保障担当補佐官アンソニー・レークに対しても不適切な人物であったという評がある。九三年にレークが安全保障担当補佐官になったのも、このポストは議会の承認が要らないからだったというのだ。事実、二期目にレークはCIA長官に指名されるが、議会の反対で辞退する。ベアーは、レークが補佐官に任命された時に、法の網の目をかいくぐるようにして三十万ドル分ものエネルギー企業の株式を夫妻で保有していたことを非難している。レークは単なる手続きの誤りだと釈明したが、これもCIA長官を辞退する一因となった。また、学者肌のレークは優先順位を付けることができず、実務家としては失格だと同僚からも批判された。

九三年に起きたワールドトレード・センター爆破事件も、テロではなく単なる犯罪として扱われ、挙げ句にクリントンは「過剰反応しないように」とさえ国民に訴える始末だった。クリントンの関心はテロ対策ではなく、経済、健康保険、軍隊のゲイ問題にあったのだ。これがイスラーム過激派の目にはアメリカの弱さに映り、その後のテロを助長したと、ブッシュ(息子)をはじめタカ派は批判している。

テロとして扱ったがために、CIAや特殊部隊を送り込んで死者を出す政治的リスクを負うよりも、法に従うという無難な選択をクリントンは下したことになる。これに対しては、テロと認識した上で、移民法の厳格な運用、FBIを制約する「司法長官ガイドライン」の撤廃、そしてFBIによるモスクや宗教関係者への監視を徹底すべきだ、とする保守派からの批判も強かった。

犯罪である以上は法廷で裁かれる。そのため、九三年のWTCテロに関する証拠をCIAはFBIから入手できなくなった。その時点でアメリカ史上最悪のテロだったにもかかわらず、FBIの現場の捜査官レベルさえ見ることのできる証拠を、なぜCIA長官が入手できないのか、とウルジーは嘆いた。

九三年のソマリアからアメリカ軍が撤退したことも、アルカイダを調子付かせる原因となった。「ムスリムの頭にはびこっていた超大国神話から解放された」として、ビンラディン自身もこう語っている。「ムスリム兵士は（ソ連との戦いを終えて）アフガニスタンを離れてソマリアに行き、アメリカとの長い戦いに備えていた。しかし、アメリカ兵士の士気が低いことに驚き、わずかな攻撃を受けただけで敗走する張り子の虎に過ぎないと悟った」。これに対する報復も、クリントンはただ巡航ミサイルで場当たり的に対応するだけで、ブッシュ（息子）に「砂を叩く（砂漠に撃ち込む）ようだ」と揶揄される始末だった。

クリントンこそがアメリカの弱さを象徴する人物——ビンラディンは勢いづいた。泣き虫、規律がなく、おしゃべりで、優柔不断、性欲を抑えられない――アメリカの弱さと堕落を体現したのがクリントンだった。皮肉にも、ビンラディンを伝説の英雄にしたのは弱腰なクリントンだったとも言えよう。

一九九六年には、イランの支援を受けたイスラーム原理主義組織ヒズボラがサウジアラビアの米軍宿舎を爆破した。この事件に対するクリントンの消極的な姿勢を、FBIのフリー前長官は批判した。二〇〇三年五月に『ウォールストリート・ジャーナル』へ寄稿した論考によると、FBIは現地に捜査員を派遣したが、拘留中の容疑者への事情聴取は認められなかったという。クリントン政権にはFBIの捜査がスムーズに行えるよう、サウジアラビアに断固とした姿勢をとる意思はなかった。むしろ関係悪化を恐れるあまり、アメリカに入国するイラン代表団の撮影や指紋採取をやめるように命じる始末だった。

窮したフリーが頼った相手は、ブッシュ（父）前大統領だった。要請を受けたブッシュはすぐにサウジアラビアのアブドラ皇太子に会う。九一年の湾岸戦争でサウジアラビアを救ったブッシュの要請とあっては、サウジアラビアも無下にはできず、FBIは事情聴取ができることになった。自らこの助力を語ろうとはしないが、ブッシュの貢献は絶大だった。

しかし、クリントンはブッシュの功績を無にした。事情聴取の結果からイラン政府の関与が確実となったものの、起訴に持ち込みたいとするFBI関係者の意見を、クリントン政権は却下したのだ。八〇年代レーガン政権下、リビアによるパンナム機爆破事件という同種の事件が起きた。このときは、国際的な圧力によって犯人は裁判にかけられることになったが、クリントン政権はその努力さえしなかった（二〇〇一年六月にブッシュ政権はヒズボラのメンバーを起訴し、イランがスポンサーであることが確認された）。

クリントンは九六年の事件直後には、「犯人は必ず罰せられる。われわれは追及し続ける。アメリカは自らを守る」と大見得を切ったが、大げさなレトリックだけで行動は伴わなかった。事件数日後のディック・モリスからのメモには、「支持率は回復した。『クリントンを支持する』七三％、『この事件は大統領の責任ではない』七六％」とあった。支持率さえあればいいというのがクリントン流だ。十九人のアメリカ兵が殺されたのに、その後のクリントンはイランとの関係改善を進め、あくまでもテロ支援国の責任追及を主張するフリー長官は政権のやっかい者扱いされた。

「イッツ・ジ・エコノミー」

前述のメモを書いたモリスは、二〇〇三年にクリントン批判の著書を出版する。九六年当時の世論調査で大多数の国民は、テロ支援国家への軍事攻撃、盗聴権限の拡大、軍隊のテロ対策への参加をいずれも支持していた。ましてや、クリントンが「グレート・コミュニケーター」

だったことを考えると、世論が熟していた時期に対テロ積極策を実行するのは難しくなかったはずだという。

クリントンの姿勢を象徴する、一枚の写真がある。ホワイトハウスで副官を務めたパターソン中佐の回想録『義務の放棄——どのようにしてビル・クリントンはアメリカの安全保障を危うくしたか——目撃者による報告』の表紙だ。そこには、ゴルフのピンを口にくわえた大統領の姿がある。一九九六年、国連決議を無視してクルド人を攻撃するフセインに対して、空爆を行うことになった。標的も決まり、後は大統領のゴー・サインを待つだけだった。折しもクリントンは大統領杯の観戦のため、バージニアのゴルフ場にいた。大統領に同行していたパターソンのもとに、バーガー安全保障担当補佐官代理から「大統領と至急話したい」と連絡が入った。パターソンは大統領に「パイロットはコックピットに入っており、間もなく夜が明けてしまいチャンスが失われます」と告げたが、クリントンはゴルフ観戦を中断しようとはしなかった。クリントンがギャラリーに手を振ったり、サインしているうちにイラクの夜は明け、攻撃は中止された——これが表紙の所以である。

同じケースは九八年秋にも起きた。諜報機関がビンラディンの居場所を特定し、二時間以内に攻撃すれば「排除」できる可能性があるという。バーガー安全保障担当補佐官はすぐにクリントンとコンタクトをとろうとしたが、連絡がついたのは一時間後。しかも、報告を受けた大統領は即決できず、国防・国務長官と検討する時間が欲しいというと同時に、一〇〇%の成功の保証を求めたのだった。このときも、時間切れで攻撃は断念された。

同年にはもう一つ、クリントン政権は失態を演じている。当時、ホワイトハウスは国務省に対して在外公館の警備を強化せよと指示していた。特に駐ケニア大使は、ナイロビにある大使館が通行量の多い通りに面する危険な立地条件にあることを認識していた。しかし、国務省は予算不足から、対策を怠った。大使は自らオルブライト長官に直訴したが、結論は変わらなかった。その結果、八月七日、大使館は爆破テロの被害にあう。テロの直後、負傷した大使にオルブライトは電話でこう尋ねた。「どうしてこんなことになったの」。女性大使の恐怖は怒りに変わった。「あなたに手紙を書きました」。

クリントンの責任問題を考える上で見逃せないのは、一九九八〜九九年にかけて、不倫問題（モニカ・ルインスキー）で弾劾騒動まで招いたことだ。メディアや国民の関心がこの問題に集中し、テロをはじめとした重要な課題が後回しにされ、議会での党派対立も激化してテロ対策でも超党派の合意は困難になり、外交・安全保障政策の足かせとなった。テロに対する報復の巡航ミサイル攻撃を行っても、スキャンダル隠しと疑われ、軍やFBIのフリー長官からも軽蔑された。湾岸戦争時の「砂漠の盾」という作戦のコード・ネームをもじって、「弾劾から自分を守る盾作戦」とコメディー・ショーで皮肉られる始末だった。

驚くべきことに、クリントンは就任前には、「歴史上最も倫理的な政権になる」と宣言していた。しかし、ゴルフのスコアをごまかすのでも有名なクリントンは、退任直前にもスキャンダルを起こした。歴代大統領に認められた恩赦権を、自らのホワイトウォーター疑惑に絡んで懲役刑を受けた知人で、ヒラリー夫人に選挙資金を提供し、クリントンの離任の際にも高価な記念品を贈っていた脱税犯にも使っていたとして、民主党からも批判された。まさに、「恩赦を売った」もので、何でも売る（"It's the economy, stupid!"）のがクリントン流なのだ。

同時テロ後、クリントンはこう語ったという。

「一九九六年にビンラディンを捕らえなかったのは、大統領任期中の最大の失敗だったかもしれない」

これには少し説明が必要だろう。九六年二月、アメリカの駐スーダン大使が「安全の保証がない」としてスーダンを出国したことに始まる一連の「事件」である。四月には、スーダン国連代表部の書記官がアメリカから国外追放された。テロへの関与が疑われたためである（両件に対してスーダン側は証拠がないとして反論した）。

ビンラディンはその当時スーダンに亡命していたが、前述のように同国からビンラディンの身柄引き渡しとアメリカ司法での裁きが提案されながらも、アメリカ司法省は起訴するための証拠が不十分だとして、その提案を拒んだというのである。

クリントン政権の安全保障担当補佐官だったバーガーは、スーダンからの提案が真剣なものではなかったと弁明するが、客観的にみて、バーガーの主張は旗色が悪い。スーダンが国際社会との関係改善のためにビンラディンを「追放」した事実をみれば、提案が本物だったことが分かるはずだ。駐スーダン大使もバーガーの主張を否定している。当時、リビアやイエメンでさえビンラディンを逮捕する意思をもっていたのだ。この時点でビンラディンを逮捕していれば、同時テロは起きなかったかもしれない。

クリントンからブッシュ政権に移行後、ビンラディン関連のファイルを再点検した関係者は、九六年段階の材料でビンラディン起訴は充分に可能であり、証拠不十分だったとするクリントン政権の判断は「情報操作（アリバイ作り）だ」と断罪している。

それもこれも、クリントンの「身から出た錆だ」と、アメリカとスーダンの仲介役を演じた民間人のモンスール・イジャズはいう。九六年に大統領に再選されたクリントンに外国からの献金疑惑があったため、パキスタン系アメリカ人という〝外国人〟イジャズが仲介役になることで「金で影響力を売った」という嫌疑をクリントンが恐れたためだという。ある献金者が「大統領に会うのと地下鉄に乗るのは同じだ。まず、料金を払わなければならない」とあきれた話は有名だ。

空白の十年

クリントン政権発足の一九九三年、「テロ支援国家」として制裁の対象となっていたのは、イラン、北朝鮮、イラク、リビア、シリア、スーダン、キューバの七カ国だった。しかし不思議なことに、クリントン政権下、アフガニスタンはアルカイダの拠点となっても「テロ支援国家」に指定されることはなかった。スーダンの四年にわたる懇願によって、やっと二〇〇〇年になって、CIAとFBIの合同チームが同国を訪れて調査した結果、「テロ支援国家」ではないことを確認した。ただ、同時テロの被害者と遺族による損害賠償請求訴訟では、スーダン政府も被告になっている。

九八年春、不倫スキャンダルの渦中のクリントンは、CIAによるビンラディン暗殺を許可した。特殊部隊による狙撃計画の立案も指示したのだが、徴兵忌避の過去がある大統領を信頼していない国防総省は従わず、計画は実行されなかった。

だが、国防総省を非難するのは不公平だ。最高司令官クリントンは、一連の行動で軍を敵に回してきたからだ。まず、CIAを〝PCIA〟にしたのと同様に、軍首脳の反対を押し切って、就任早々にゲイの入隊を公式に認めさせようとした。パウエル統合参謀本部議長が「軍の最高司令官（大統領）として最初の仕事をこの問題にしないで欲しい」と要請したのに、無視して軍人の伝統やプライドを傷つけ、公然とPCを押しつけた。パターソン中佐によれば、クリントンが政治的な判断によって将軍や提督を昇進させたことも軍の士気を低下させた。軍事費を削減しながら、人道的介入によって軍を世界各地に派遣して本業の軍事作戦が難しくなっていた。

パターソン中佐は、もう一つ重要なことを指摘している。それは、軍人たちがクリントンに対する信頼を完全に失ったのは、ポーラ・ジョーンズとのセクハラ裁判で、大統領が「一九四〇年兵士・水兵救済法」を悪用しようとした時だったということだ。この法律は軍人が離婚等の民事裁判を理由に出征できないことを避けるために作られた。徴兵忌避の大統領は、自らが軍の最高司令官であることを利用し、この法律を盾にしてセクハラ裁判を先延ばししようとした。退役軍人グループが抗議し、三十日後にクリントンは法的根拠がないことを悟って取り下げた。なお、徴兵忌避の件では、もみ消し工作をしたことも知られている。ホワイトハウスの副官を務めた軍人の中には、退任にあたっての大統領とのお別れセレモニーを拒否する者も現れた。

クリントンの軍隊蔑視はスタッフにも伝染していた。ある将軍はホワイトハウスで若い女性スタッフに「おはよう」とあいさつしたところ、彼女は「私は軍人とは話さないことにしています」と答えた。「かつて麻薬を吸ったが、吸い込んではいない」との迷言を残したクリントンを、キャンベル空軍少将は軍人の本音として、「麻薬を吸い、女性の尻を追いかける、徴兵忌避の最高司令官」と呼んで辞職に追い込まれた。

結局、クリントンの根本的欠陥は、政治的意思の欠如にある。外交や安全保障に無関心な大統領は、報復を恐れて断固たる対応ができなかった。さらに、自らの徴兵忌避や不倫が躊躇させた。自らのスキャンダルから関心をそらすために、巡航ミサイルを撃ち込むと疑われても仕方のない大統領だった。

二期目の四年は中東（パレスチナ）和平への悪影響を恐れて、断固たるテロ対策が取れなかったとの見方もある。クリントンにとって中東和平は悲願だった。これに成功すれば、歴史に名を残して、ノーベル平和賞も取れる。そのためには、中東諸国に波風を立てたくないので、テロ対策で腰が引けたというのだ。そしてＣＩＡをイスラエルとパレスチナの仲介者にし、後者の治安機関の育成にあたらせた。

前代未聞のこの行動は、諜報機関の任務を逸脱し、政策の実行者となることによって、ＣＩＡとテネット長官の中立性と信頼性を奪うノーベル賞目当ての行為と批判された。クリントン政権末期には、オルブライト国務長官によるアメリカ政府高官初の北朝鮮訪問が実現一歩手前まで進んだことも、功名心ゆえに必要以上に譲歩しているとして、同様の批判を浴びた。

アルカイダの拠点となっていたアフガニスタンについても無策だった。アルカイダは九六年にスーダンからアフガニスタンへ拠点を移し、タリバンに一億ドルを支払ったという。タリバンと戦う北部同盟の拠点をCIAが訪れたのは、三年後の九九年になってから。もっと早く北部同盟を支援していれば、アルカイダを弱体化させることもできたかもしれない。同時テロの数日前にタリバンによって暗殺された北部同盟のマスード将軍は、人権侵害や麻薬取引の悪い噂もあったが、数少ないカリスマを持った反タリバンの有力者だった。その彼は、アメリカがアルカイダの攻撃対象になることを強く警告していた。

本来ならば、CIAとアフガニスタンの因縁は深くて、歴史も長い。七九年のソ連の侵攻以来、アフガニスタンを支援してきたCIAは、かの地に確固たる足場を築いていた。にもかかわらず、なぜ九九年まで手をこまねいていたのか。CIAに言わせれば、九〇年代の予算削減とクリントン政権の消極的態度ゆえということになろう。

アフガニスタンに大使館とCIA支局が復活したのは二〇〇一年秋。「空白の十年」が生まれた。

同時テロを見逃した四大失策

イラク問題をめぐる対応も後手に回った感は否めない。クリントン政権下の一九九五〜九六年はフセイン政権が弱体化していたため、クーデターを支援するだけで、最小限の被害に留めて政権打倒が可能だったとの見方が有力だ。クリントンの政治的意思の欠如と無策が、多くの流血を招いた。イラクでの「飛行禁止空域」政策にあたり、一人のパイロットも死なせてはならない（「死傷者過敏症」）として、SIGINTとIMINTをイラク軍の監視に振り向けた。そのため、大量破壊兵器の監視が疎かになり、後の大混乱を招く。二〇〇三年のイラク戦争に際して、民主党はブッシュの情報操作を批判したが、クリントン政権もイラクには大量破壊兵器があると信じていた。ブッシュ政権になってテネットの要請が認められ、大量破壊兵器監視用の衛星を増やした。

これは大統領個人の失政だけでなく、クリントン政権下の各省にも大きな責任がある。アフガニスタン・イラク戦争でも活躍した無人偵察機プレデターの開発が遅れたのは、運用権限をめぐるCIAと空軍の縄張り争いのせいだった。早期開発が実現していれば、アルカイダに対する作戦にも活用できた。二〇〇〇年にビンラディン追跡に使用するチャンスがあったときも、主導権を握りたい空軍とCIAは消極的で、様々な理由を挙げてホワイトハウスに反対した。

数々の失態が明らかになりつつあっても、バーガー元補佐官は、開き直っている。

「一人のレポーター、コメンテーター、議員でも、九月十一日以前にアフガニスタンに侵攻すべきだと考えていた人を教えてくれたら、ニューヨークで最高のレストランでディナーをごちそうする」

しかし、冷戦での勝利に浮かれて、安全保障や外交を軽視し、ホワイトハウスでの情事にふけっていたのは誰か。軍隊も諜報機関も軽視ないしは敵視し、スキャンダル隠しに軍事力を使おうとした大統領は誰だったのか。このバーガーに対する評価も厳しい。フリーFBI前長官の評は「安全保障担当補佐官ではなく、PR屋に過ぎない。マスコミがどう報じるかしか考えない」。ディック・モリスも「貿易専門の弁護士出身で外交のアマチュア」と酷評した。それを裏付けるかのように、二〇〇四年にバーガーは国立公文書館から機密書類を持ち出した罪を認め、機密情報資格を奪われた。動機について沈黙したため、クリントン政権のテロ対策の甘さを隠すためだったと疑われている。

退任後クリントンは共和党や保守派だけでなく、身内の政権関係者からも非難を浴びている。二回の大統領選挙を勝利に導いたディック・モリスの『首をはねよ——アメリカ政治、メディア、ビジネスの裏切り者、詐欺師、妨害者』という批判本によると、クリントンは同時テロを防ぐ機会を四回もふいにしたという。

第一に、一九九五年のオクラホマ・シティ・ビルの爆破事件（犯人はアメリカの白人至上主義者）である。テロリスト・グループのメンバーであれば、差し迫った暴力行為の疑いがあることを証明できなくても、捜査できるようして欲しいとフリー長官は要請した。しかし、クリントンとレノ司法長官が却下したため、二〇〇一年に「二十人目のテロリスト」ムサウイの捜査もできなかった。

第二に、九五年三月にモリスは移民の運転免許がビザと同時に失効する制度の導入を提案したが、再選を翌年に控えたクリントンは自らの票田であるヒスパニック（スペイン語系）が反発するという理由で却下した。同時テロの数カ月前に実行犯のアタは無免許運転で逮捕されていた。しかし、その警察官はＦＢＩや移民帰化局のコンピューターにアクセスできず、アタが不法滞在でテロリスト監視リストに載っていることを知らずに終わった。モリスの提案が実現していれば、アタは九月十一日以前にサウジアラビアに帰国させられていた。

第三に、九三年のワールドトレード・センター事件で徹底的な捜査を行っていれば、九五年にスーダンが容疑者の身柄の引き渡しを提案してきた時に、「ビンラディンて誰だ」「証拠がない」と断ることもなかった。

第四に空港の荷物検査員の公務員化、荷物のＸ線検査、搭乗客への写真付き身分証の提示の義務化といった、保安対策を拒否した。ＴＷＡ八〇〇便墜落事件（当初はテロが疑われたが、後に事故と判明）の後の九六年夏にこれらを検討したが、航空会社の反対にクリントンはしり込みした。

このモリス自身も毀誉褒貶の激しい人物だが、選挙に勝つためなら何でもするクリントンらしい人選だったと言えよう。

（2）ミサイル防衛に取りつかれたブッシュとラムズフェルド

ブッシュも外交オンチ

このように弱腰だったクリントン政権も、八年の任期末期になって、やっとテロの脅威を認識しはじめたことは事実のようだ。クリントンは二〇〇〇年一月の最後の一般教書演説で、今後十年から二十年間にアメリカにとって、最大の脅威は生物化学兵器へのアクセスが容易になった麻薬組織、テロリスト、国際犯罪組織になると予言した。

クリントンの移行（引き継ぎ）チームも、テロ問題の重要性をブッシュ政権に伝えようとしたが、反応は鈍かったという。九八年の大使館同時爆破事件を契機に、バーガー補佐官はテロ対策が自らの最優先課題となったことを認識し、後任のブッシュ政権のライス安全保障担当補佐官にも「これからの四年間に他のいかなる問題よりも、あなたはテロリズム、特にアルカイダに時間を費やすだろう」と告げたという。同時テロ後にライスは「そんな記憶はない」と証言し、逆に九〇年代のクリントン政権の失敗を非難している。ブッシュ政権関係者によると、むしろ北朝鮮に関してクリントンのソフトな政策を継続して欲しいというのが引き継ぎの中心だった。

クリントンがブッシュ政権に引き継いだ対アルカイダ作戦計画があった――二〇〇二年八月の『タイム』はカバー・ストーリーでこう報じた。バーガー補佐官は自ら議会で公式な戦争計画ではなかったと否定したが、保守派のいい分では、クリントン政権が自らの失敗をもみ消して、ブッシュに責任を押しつけるための歴史の改ざんに過ぎない。パウエル国務長官も、ゴア前副大統領のブッシュ政権批判に反論して、スーダンの提案を断ったクリントン政権の責任を指摘した。

ただ、ブッシュ大統領、チェイニー副大統領、ラムズフェルド国防長官が、大統領選挙中からミサイル防衛や中国の脅威ばかり力説していたとの批判は免れない。テロやアルカイダは眼中になかったことも確かだろう。当選後から就任までの数カ月間も、ブッシュや側近がテロに言及することはなかった。

ブッシュは就任演説でもほとんど国際問題に言及していない。片言のスペイン語でヒスパニックの票を集めたが、選挙中から外交オンチと批判され、後に対テロ戦争での重要な同盟国となるパキスタンのムシャラフ大統領の名前も知らなかったエピソードは有名だ。二〇〇一年二月、前年にイエメンでアメリカの駆逐艦「コール」が爆破された事件はアルカイダの仕業だというCIAの結論をチェイニー副大統領に伝えても、新政権の姿勢は変わらなかった。後に拘束されたアルカイダのメンバーは、報復しないブッシュ政権をクリントンと同じく腰抜けだと侮ったと証言している。タリバンについても同時テロの数週間前に、麻薬対策で協力的姿勢を見せているとして讃えていたほどだった。ライス補佐官もロシアの専門家でテロには無関心だった。

二〇〇四年、『ワシントン・ポスト』にスクープが載った。二〇〇一年九月十一日に同時テロがなければ、その当日に行っていたはずの本土防衛に関する「幻の九・一一演説」である。それは、ミサイル防衛を強調する一方で、アルカイダやテロの脅威には触れていない。同時テロの一年後の二〇〇二年九月に発表された「アメリカ合衆国の国家安全保障戦略」では「こうした新たな脅威の真の姿を理解するのに、ほぼ十年が必要だった」と、冷戦終了後の「失われた十年」（大部分はクリントン政権期）を率直に反省している。

同時テロ前にブッシュ新政権に危機感を抱いていた人は少なくなかった。退職を控えたケリック将軍は、国家安全保障会議（NSC）に対して、ブッシュ新政権のメンバーは「一九八〇年代と同じ戦略観を持ち、九〇年代に台頭したテロなどの新しい脅威を認識せず、軍人の多くが有効でなく、不要だと考えるミサイル防衛に熱中している。アルカイダに再びわれわれは攻撃されるだろう」という、その後を予見するメモを送った。著名なジャーナリストのデービッド・ハルバースタムも同時テロ直前に出版した『静かなる戦争』の最終章で、「トップクラスの諜報アナリストの間では、アメリカのような開かれた社会の最大の脅威はテロリストであり、

『ならず者国家』の軍事力など目じゃない、と考えられている」とミサイル防衛に反対していた。

大統領選挙に合わせて、『ストラテジック・レビュー』二〇〇〇年秋季号は本土防衛を特集した。巻頭論文は、アメリカ本土への国家およびテロリストによる攻撃の脅威は現実であり、ますます可能性が高くなっていくと指摘している。「だれがアメリカを攻撃するか」と題する論文も、国内グループによるテロの危険性が最も高いという趣旨だが、海外のテロ組織としてイラク、リビア、イランに加えてオサマ・ビンラディンの名を挙げている。そして、ミサイル防衛論者が主張する大規模なものよりも、小規模だが人々の注目を集めるためにショックを与えようとする攻撃（テロ）の方を心配すべきだと結んだ。

このように、ミサイル防衛にばかり目を奪われているブッシュへの警鐘はいくつも鳴らされていた。ゴアが大統領に当選して民主党政権が誕生していたら国務長官の最有力候補といわれたホルブルック国連大使は、「私ならミサイル防衛とフセインに目を奪われて、アルカイダの脅威を無視するという、ブッシュやラムズフェルドのような過ちは犯さなかった」と語っている。実際、ホルブルックは同時テロ前の二〇〇一年春に、ブッシュのミサイル防衛への情熱は「ほとんど信仰の域にあり、我々にとっての本当の脅威はビンラディンであり、彼はミサイルを持っていない」と述べていた。

テネットはなぜ留任したのか

これらの警告にもかかわらず、就任から同時テロまでのブッシュ政権はテロの脅威を無視した。同時テロ後にその勇しさで人気を集めたラムズフェルドも、テロ前はミサイル防衛の予算からテロ対策に八億ドルを回してほしいとの要請を拒否していた。ラムズフェルドは、クリントンから引き継いだ無人偵察機プレデターにも関心を示さなかった。アフガニスタンにプレデターを飛ばしていれば貴重な情報が得られたかもしれないのに、二〇〇一年春から夏までは一度も使われていない。同時テロ以前にテネットは衛星その他の軍の資産をアフガニスタンでのテロリスト追跡に使いたいと要請したが、これもラムズフェルドが拒否していた。

ラムズフェルドこそ筋金入りのミサイル防衛論者であった。クリントン政権期に、国家情報見通し（NIE）は、二〇一五年までにイランの弾道ミサイルがアメリカに対する脅威になる可能性は低いと、諜報機関の総意として分析していた。このミサイル防衛の緊急性を否定する見通しに対して、下院が調査委員会を設ける。調査委員会は九八年に「諜報機関は弾道ミサイルの脅威を過小評価している」と結論付けたが、委員長はラムズフェルドだったのだ。翌九九年、前述のNIEを作成した国家情報会議（NIC）は、ラムズフェルド委員会寄りに見通しを修正した。

ラムズフェルドの腹心でネオコンの代表格のウォルフォウィッツ国防副長官は、同時テロの五カ月前に、アルカイダの脅威を訴える対テロ責任者のクラークに「ビンラディンを過大評価している。一九九三年のワールドトレード・センター爆破もイラクの仕業だ」と何の証拠もなく主張する有り様で、後にイラク戦争の開戦理由にもする。同じくアルカイダの脅威を警告した駐インドネシア大使のゲルバードも、ウォルフォウィッツの圧力で辞任に追い込まれた。しかし一年後、ゲルバードの警告通り、アルカイダの分派のジェマ・イスラミアがバリ島のナイトクラブを爆破して二百人が亡くなった。

ビンラディンを念頭においたマネー・ロンダリング対策もクリントン政権から受け継いではいたものの、オニール財務長官（後に更迭）をはじめとするブッシュ政権の背後には、クリントンの対策を、強引でアメリカの国益に反すると批判する保守派や銀行ロビーがいた。クリントンは政権末期に「テロリスト資産追跡センター」を財務省に新設したが、オニール長官の下で予算は付かず、その作業は阻害された。

同時テロ以前のアシュクロフト司法長官も、テロよりも治安の回復を重視し、凶悪犯罪と麻薬問題を優先した。司法省は予算管理局（ＯＭＢ）に増額要求をしていたが、対テロ攻撃用の防護服などの予算を削り、ＦＢＩから出された対テロ作戦のエージェント、分析官、翻訳者のための五千八百万ドルの要求も却下した。しかし、アルカイダの脅威が深刻になった同時テロの数カ月前になると、アシュクロフト長官は自身の安全のために、乗っ取られる恐れのないチャーター機を使い始めていた。

ブッシュのもう一つの失敗は、クリントンが指名した民主党員のテネット長官を留任させたことだ。共和・民主党の間で政権交代が起きた時には、CIA長官も交代するのが通例だ。ブッシュ（父）はCIA長官時代に留任を望んだが、就任したカーター大統領に拒否された。しかし、CIA長官が非政治的ポストであるべきだというのがブッシュ（父）の持論で、政権交代にあたってテネットを留任させた息子の決定には父の影響が大きい。

適当な後任がいなかったのも理由の一つといわれている。ブッシュ政権のCIA長官候補として名前の挙がったラムズフェルドは国防長官になった。ウォルフォウィッツもCIA長官よりも政策形成に関与できる国防副長官を選んだらしい。適任者を失ったブッシュにとって、民主党員も高官に登用すると公約していた手前、テネットの留任は好都合だった。

ブッシュ親子とテネットの親密な関係には批判がある。大統領選挙の前年の一九九九年CIA本部に元長官のブッシュ（父）の名を付けたことで、テネットはブッシュ親子の歓心を買って留任できたという見方が強い。そのセレモニーでもテネットはブッシュの隣に座っていた。二〇〇〇年の大統領選挙中にテネットは、ブッシュ候補にブリーフィング・チームを派遣して、論議となった。

同時テロ後も、対テロ戦争を通じて両者の絆はむしろ強化された。ブッシュは対アフガニスタン・イラク作戦で積極的に協力した点で、テネットを高く評価した。二人にはエリートでも論理的でもなく、率直で現実的で、男っぽい話を好むという共通点がある。

同時テロから一年後。ブッシュ大統領はテネットを「本当の愛国者であり、我が国の財産、価値あるアドバイザーだ」と称賛した。そして、パウエル国務長官やラムズフェルド国防長官よりもテネットに会う時間が長いという異例な大統領で、歴代長官で最も大統領と長く会うのがテネットだと言われた。後述のイラクの大量破壊兵器に関する情報の政治化疑惑でも、ブッシュはテネットをかばった。

(3)「サウジアラビア・コネクション」

ブッシュ父の存在

二〇〇三年に議会合同調査委員会の報告書は二十八ページが空白で公表された。ブッシュ政権は機密保持を理由にしたが、サウジアラビア政府の関与を示唆する内容が記されているという。駐米大使のバンダル王子の夫人からサンディエゴの基金を通してハイジャック犯に資金が渡った、サウジの諜報機関員と接触があったのではないか、との疑惑がささやかれた。

サウジアラビア政府は当然のように潔白を主張し、空白部分の公表を要求した。後の独立調査委員会報告書も、バンダル大使夫人などサウジ政府関係者がテロリストに資金援助した証拠はないと述べた。しかし、それでも上院諜報委員会のグラハム前委員長（民主党）は、同時テロ犯の二人がサウジ政府のスパイの支援を受けていたと主張している。

十九人の同時テロ実行犯のうちの十五人、そしてビンラディンの出身国であるサウジアラビアは、皮肉にもアラブにおけるアメリカの最大の同盟国である。そして、世界最大の埋蔵量と生産量を誇る産油国として、高価格路線を主張する他のＯＰＥＣ（石油輸出国機構）諸国とは一線を画し、穏やかな石油戦略によってアメリカに協力してきた貴重な存在だ。アメリカに基地を提供したり、八〇年代にはレーガン政権の要請で、ニカラグアの反政府勢力コントラへの援助を肩代わりするなど親密な関係にある。その関係にねじれが生じた。

アメリカを脅かすテロリストを支援しているのが、中東におけるアメリカの同盟国サウジアラビア――このねじれがアルカイダとのテロ戦争の大きな足かせとなったというのが、ベアーや「アルカイダに最も近づいた男」とされるＦＢＩのジョン・オニールらのコンセンサスとなっている。

オニールは「全ての答え、オサマ・ビンラディンの組織を解明するため必要なものは、サウジアラビアにある」という有名な言葉を残し、ベアーが二〇〇三年に刊行した著作のタイトルは、『悪魔と共に眠る――いかにワシントンは石油のために我々の魂を売り渡したか』だ。つまり、アメリカは他の国には民主主義を押しつけながら、議会もないサウジアラビアの王政を、石油と基地確保や利権のために特別扱いしてきた。もともと原理主義のワッハーブ派が勢力を誇るサウジアラビアは思想的にはタリバンに近い。アルカイダへの資金援助の大部分はサウジアラビアからで、慈善基金が隠れ蓑に使われた。

九六年にイランの支援を受けたイスラーム原理主義組織ヒズボラがサウジアラビアの米軍宿舎を爆破した事件では、前述の通り、サウジアラビア政府がFBIの捜査に協力しなかった。ブッシュ(父)の尽力で一定の協力は実現したが、その彼の力の源泉は石油業者として成功したことに拠るものが大きく、中東との縁も深かった。『タイム』によると、一九八一年に副大統領としてブッシュ(父)は、イスラエルの安全保障を脅かすという反対の嵐のなか、その声を押し切って、AWACS(早期警戒機)のサウジアラビアへの売却を議会に認めさせた。その見返りか、ファハド国王はブッシュ夫人の慈善活動に、駐米大使のバンダル王子はブッシュ大統領の記念図書館に、それぞれ百万ドルの寄付をしている。

クリントンが大統領に当選すると、リヤド商工会議所は地元のアーカンソー大学に「ファハド国王記念中東イスラーム研究センター」開設のための寄付を行った。ウッドワードの『攻撃計画』によると、二〇〇三年のイラク戦争にあたって、パウエル国務長官よりも先にバンダル王子にブッシュ（息子）大統領は開戦の決定を伝えた。そして、戦争に伴う石油価格上昇を抑え、翌年の選挙での再選を確実にするため、サウジは増産の要請を受け入れた。アメリカ大統領とサウジの関係はこのように深いものだった。

同時テロがオサマ・ビンラディンの犯行で、ハイジャック犯の多くがサウジアラビア人だと断定されると、ブッシュ（息子）政権はアメリカに多数滞在していたサウジアラビアの国王およびビンラディンの一族を帰国させた。危害が及ぶのを恐れてのやむを得ない措置だろうが、何の調査もせずに出国させたことに対して、テロの遺族などから批判も寄せられた。

国務省内外からも批判の声があがった。クリントン・ブッシュ政権に共通の方針として、同時テロ以前のサウジアラビア人に対するビザの発給がノー・チェック状態だったというのだ。十五人のハイジャック犯のうち十三人はサウジアラビアのアメリカ大使館でビザ申請をしていたが、直ちに「特急ビザ（Visa Express）」を発給されていた。しかし申請用紙には不備が多く、本来は却下されるべき内容だったという。このビザ制度はクリントン政権期に計画され、ブッシュの下で始まったものだった。

テロ犠牲者からの集団訴訟

一九九六年段階で分かっていたことがある。それはイスラーム教関連のＮＧＯの三分の一がテロリストと何らかの関係があるということだ。同時に、ビンラディンの問題に関して、サウジがアメリカに協力する意思がないことも明らかだった。この問題を追及しているジョエル・モウブレーによると、そもそも国務省は相手国との関係を維持することを最優先する。特に、サウジアラビアは「オイル・マネー」に物を言わせてOBをロビイストにしたり、天下り先のシンクタンクに資金援助するなどして、国務省を買収している。

テロ犠牲者の家族は二〇〇二年夏に、オサマ・ビンラディンとその親族、サウジアラビア王室等に対して一兆ドル（百兆円）の損害賠償を求める集団訴訟を起こした。特に、サウジの総合諜報局長官を務め、同時テロのわずか十日前に解任されたトゥルキー王子（クリントンのジョージタウン大学時代の同期生）は、ビンラディンと五回も会い、アルカイダとタリバンに資金援助するほど親密な関係にあったと主張している。

トゥルキー王子とビンラディンは、タリバンに対する金の流れを黙認する代わりに、サウジ国内では活動しないとの協定を結んだと疑われている。この二人は父親たちも友人であるが、トゥルキー王子はビンラディンとの親密な関係を否定した。

同時テロ後もアメリカのアルカイダ対策に関するサウジアラビアの非協力的態度は変わらなかった。

二〇〇二年一月にサウジアラビア出身でアルカイダ幹部のズベイダがパキスタンで拘束され

た。ジェラルド・ポスナーの『なぜアメリカは眠っていたのか』によると、自白剤を使った尋問の結果、彼はサウジの王室との関係を認めた。なかでもCIAが驚いたことに、同時テロ後もサウジ政府とアルカイダの関係は変わっていなかったというのだ。そしてその後の数カ月間に、彼が関係を自白した三人の王子が不可解な死を遂げている。同様に、パキスタンの軍関係者が死んだ。

これまでアルカイダはサウジアラビア国内でのテロは行わなかった。ただ、二〇〇三年五月にサウジアラビア国内でアルカイダがテロを開始、三十五人の死者が出たため、サウジ政府もやっと重い腰を上げて摘発に動き始めた。また、失敗に終わったが、スーダン滞在中のビンラディン暗殺をサウジアラビア政府が試みていたのは事実のようである。

（4）監視役を放棄した代弁者の議会

異常なほどの親密さ

二〇〇四年にテネットの後任としてCIA長官に就任したのは、それまで下院の諜報委員長を務めていたCIA出身のゴス議員だった。ゴスの長官就任については、同時テロ後も常に古巣に好意的だったため、その経歴に鑑みて不適格だとの批判があった。同時テロの直前にはこんな話も広がった。上院諜報委員会スタッフが、ドイッチェとテネットをはじめとするCIA幹部に機密保持規則、さらには法律にも違反する行為があったとする報告書を作ったが、同委員会の民主党議員が握りつぶしたというのだ。

二〇〇四年に改正されるまで、諜報委員会の任期は上院が八年、下院が十二年（六期）中の八年（四期）と制限されていた。できるだけ多くの議員に経験させようという趣旨だが、結果として専門能力の蓄積を妨げて、監視機能の低下を招いた。

日本よりもはるかに充実したスタッフを誇るアメリカ議会だが、諜報と軍事両委員会については「回転ドア」と呼ばれる現象が起きている。つまり、テネット長官のように議会スタッフが諜報機関入りし、反対にCIAから議会スタッフになる場合も多い。これでは、監視役の議会と対象の諜報機関の間に馴れ合いが生まれる恐れが強い。

歴代の長官たちと比較しても、テネットにはさしたる経歴もないことは前述の通りである。同時テロ発生時に彼と食事を共にしていたのはボーレン元上院議員だった。ボーレンは諜報委員長として、中堅スタッフだったテネットと「異常なくらい親密」な関係にあった、とボブ・ウッドワードは『ブッシュの戦争』で述べている。ボーレンの引きによって、議員のスタッフだったテネットは諜報委員会のスタッフ・ディレクター（事務局長）に抜擢され、その後CIA副長官・長官と異例の抜擢が続く。

議員にとってＣＩＡ批判は自らの議員生命を脅かしかねない。七〇年代にＣＩＡを厳しく調査および批判した特別委員会のチャーチ委員長は、後の選挙で落選した。ＣＩＡに批判的な某議員のもとに、彼がベッドの上で少年と抱き合っている写真が送りつけられたという話まであるくらいだ。往年のフーバーＦＢＩ長官よろしく、各議員に関して弱みを握り、いざという時に利用するためにファイルを持っているらしい。かつては諜報機関の良き理解者だった共和党保守派のゴールドウォーター上院議員も、諜報委員会に秘密でニカラグアに機雷を敷設した事件を批判すると、一転してＣＩＡは同議員に対するゴシップをばらまき始めた。このような諜報機関の復讐を議員たちは恐れて、及び腰になる。

ウルジーとテネットがＣＩＡ長官に選ばれたのも、両党に受けがよいという理由だ。リベラルなレークの承認を拒否したのも、党派政治の色彩が強い。予算権限を持たない諜報委員会が影響力を行使できる数少ない機会が長官人事で、結果として「無力な長官たち」を承認してきたのだった。

同時テロ後も、ゴスは上院のグラハム委員長と共にテネットの留任を支持した。二人の委員長は、同時テロに関する諜報機関の責任追及にも消極的で、議会合同調査委員会の設置も共和党優位の下院で否決させようとした（同時テロ後の議会からの責任追及の動きが鈍い一因として、上下両院の諜報委員会の縄張り争いも指摘されている）。

結局、諜報委員会は、監視対象である諜報機関の代弁者に過ぎないと称される始末だ。例えば、九六年の報告書『二十一世紀の諜報共同体』によると、下院諜報委員会は憚ることなく、「諜報は他の連邦プログラムとは異なり、選挙区（支持者）を持たないため、議会が国民の支持を得るために重要な役割を果たす」と述べた。『ニューヨーク・タイムズ』は、上下両院の諜報委員会は同時テロについての調査権限を与えられるべきではなかった、なぜなら彼らの放縦な監視が諜報機関の失敗を生んだからだ、と指摘している。

九四年発足の「アスピン・ブラウン委員会」の提案者はバージニア州選出の上院議員だった。つまりCIA本部のお膝元である。彼は職員と家族の票を期待して、CIA予算削減や廃止論に先手を打つために提案したと見られている。同委員会の有力メンバーには、やはりボーイング本社のあったシアトル選出の下院議員もいた。彼らの狙い通り、同委員会の報告書は諜報予算を削減する理由を何も見つけられなかった。

ギングリッチは何をしたのか

改革を拒み続ける諜報機関を変えることができるのは議会だけだという声がある。なぜなら、傲慢な諜報機関を変えるには、予算を削減するしか方策はなく、その権限を持つのは議会（歳出委員会）だからだ。一方、諜報委員会の役割は監視であって、予算権限も持たない。そのため、諜報機関に対する影響力は限られてしまった結果、諜報委員会はむしろ諜報機関の代弁者になり下がり、本質的問題点を論じることはなくなった。できることといえば、せいぜいスキャンダル探しだ。その点でさえマスコミが先に報じるケースも多く、非公開のブリーフィングを頻繁に受けている諜報委員会の機能を疑問視する声は跡をたたない。

日本と同様に次の選挙を常に意識している議員にとって、平時の諜報委員会はうま味がない。スキャンダルが起きてメディアが注目した時だけが、選挙民にアピールするチャンスなのだ。諜報機関から毎日機密報告書を受け取っていたが、上院諜報委員会はアルカイダについて非公開の公聴会を一度行っただけだった。二〇〇四年に退職したCIA作戦担当のパビット副長官は、「諜報委員会の関心はどこにあったのか。何を監視していたのか。彼らは存在しないも同然だった」と述べた。

一九九〇年代前半、抵抗もむなしく軍事費と同様に予算が削減された諜報機関だったが、九〇年代半ばになると削減の嵐はピタリと止んだ。その旗振り役は、共和党のギングリッチ下院議長であった。「強いアメリカ」を提唱し、クリントン大統領を脅かすほどの権力を誇ったギングリッチは、自ら諜報委員会のメンバーになるという異例の措置を取り、諜報予算の増額を行い、その細部にまで介入した。諜報委員会は特別委員会であるため、共和党については下院議長のギングリッチが、予算の増額を受け入れそうな議員を選ぶことができた。人事では、歳出・軍事委員会のメンバーを諜報委員会に含めることで、予算の増額を円滑に推し進めた。

「諜産複合体」のロビー活動

同時テロ後、議会でも人的諜報の軽視を批判する声が高まったが、その遠因は議会にもあった。九〇年代に最新鋭の衛星など素人うけする高価な技術的手段にばかり予算を付けたのは、ほかならぬ議会である。日本の「箱物行政」と同様に、衛星その他の目に見える派手なハードに予算を付け、語学の専門家や衛星写真のアナリストなどの地味なソフトを軽視した。例えば、NIMA（現NGA）の写真分析スタッフは一九九〇年代に半減したが、業務は増えており、処理されない写真や情報が多くなった。未処理の情報が増えたのはNSAも同様だ。

技術的手段偏重と人的諜報の軽視を招いた一因は「諜産複合体」のロビー活動である。ウルジー長官は元マーチン・マリエッタ（現ロッキード・マーチン）の重役だったが、同社のノーマン・オーガスティン会長は歴代の国防長官やCIA長官と昵懇で、九四年にウルジーの辞任が決まった際には後任として名前も挙がった。諜報予算増加の主役のギングリッチの選挙区にも同社の工場があり、一万二千人の雇用をもたらし、新人の頃から同社と深い関係にあり、他の諜報関連受注業者から献金を受けていた。

人的諜報にはロビーは存在しないが、技術的手段によって潤う企業はいくらでもある。諜報機関や議会のスタッフには、退職後の「天下り」を念頭に関係企業に有利に取り計らう傾向があることも指摘されている。前上院諜報委員長で現在は歳出委員会の共和党のシェルビー議員は、地元のアラバマに自分の名前を冠したミサイル宇宙諜報センターを誘致した。

議会がテロ対策の足を引っ張った例も多い。FBIのフリー前長官は、独立調査委員会で議員たちからの責任追及の声に対して、九六年に容疑者への盗聴などを可能にする対テロ法が成立したものの、重要な部分が下院の議論で骨抜きにされたと反論した。同委員会の副委員長のハミルトンと委員のロウマー（共に民主党）も骨抜きを支持していた。

九七年二月にはゴア副大統領を長とする委員会が、航空機の安全強化について提言をまとめた。しかしコスト増大を恐れる航空会社のロビイングによって、議会はこの提言を握りつぶしてしまう。先頭に立ったロビイストは、他ならぬ元FBI・CIA長官のウェブスターだった。同様の事件は二〇〇〇年三月にも起こる。金融業界の影響力下にある上院のグラム銀行委員長は、ビンラディンのマネー・ロンダリングを阻止するための法案を潰した。その後も、グラムは同様の法案には反対すると公言する。遡れば八七年、CIAの情報によってFBIがロサンゼルスでパレスチナのテロリストを逮捕した。すると、市民的自由を主張する団体が動いた結果、移民国籍法を修正した。そのため、テロ・グループのメンバーだというだけではビザの発給を拒否できなくなった。

『聖なるテロの時代』の著者、ベンジャミンとサイモンは、国家安全保障会議（NSC）でテロ対策の中枢にいて、テロリストが就学ビザを使ってアメリカに「留学」することに恐怖を覚える。その予防策として、INS（移民帰化局）に留学生を追跡調査できるシステムを作ろうとした。九〇年代後半のことである。しかし、五十五万人の留学生を抱える「百十億ドル（一兆二千億円）産業」の教育界ロビイストが反対し、二十一人の上院議員がINSに実施を見合わせるように求める書簡を送ってきた。

ベアーも『CIAは何をしていた？』で印象的なエピソードを明かしている。九〇年代前半、タジキスタンで活動するCIAのベアーのもとに上院外交委員長が会いたいとやって来た。早くからオサマ・ビンラディンに注目していたベアーは、ロシアのナショナリズムやイスラーム原理主義の危険性、タジク語のできるケース・オフィサーがいないことを訴えた。しかし、外交委員長はそんな外交・安全保障問題には関心がなかったという。よく聞いてみれば、単なる好奇心で未知の世界についてのベアーの旅行談を聞きに来ただけだった。

もはや議会はチェック機能を失ったといっても過言ではない。諜報機関に批判的だったモイニハン上院議員は引退して、ヒラリーに議席を譲った。数少ない監視役はシェルビーと大統領選にも出馬したリーバーマン議員だけになった。シェルビーは以前からテネットに批判的で、同時テロ後はテネットの辞職を要求したが、ゴス・グラハム連合によってシェルビーの影響力は抑えられた。

ただ、このシェルビーには「政治屋」との批判も残る。諜報委員会は当然ながら非公開で行われることがあり、スタッフも含めて身辺調査を受けて機密保持が義務づけられている。しかし、同時テロの前日にＮＳＡが「明日決行」という会話を傍受していたと、二〇〇二年六月にＣＮＮが報じた。これは、ＮＳＡのハイデン長官が非公開の上下合同諜報委員会で明らかにしたものだったため、関係者に対するＦＢＩの捜査が始まった。二〇〇四年八月になって、シェルビーが犯人と断定され、現在は諜報委員会から外れている。

（５）ＣＩＡの傲慢

「責任をとる」という文化はない

アメリカで最も思い上がった組織はどこか？　その答えとして、海兵隊と並んでＣＩＡがあがる。自らの利益が国益に優先すると信じている存在だという酷評も聞えてくる。素人には諜報は理解できないという思い込みは固く、「ハーバードよりもエリート」「われわれは決して間違わない」といった言葉が、ＣＩＡの傲慢さをそのまま示しているといえるだろう。

なかでも問題なのがエリート主義の権化といわれる作戦本部であり、国家のために命を賭けているとの自負から（一九九〇年代にはそんな愛国者は少なくなっていたが）、情報本部に情報を伝えなかったり、頭越しに政策担当者に送ることもあった。

元ケース・オフィサーのマールは、作戦本部の倫理観をこう表現している。嘘を「カバー・ストーリー」、情報を盗むことを「情報収集」と呼ぶ。エージェント（情報提供者）自身のために情報を収集させるのであって、彼らを操ったり、だましたり、強制しているのではない。エージェントの弱みにつけこむのではなく、彼らの弱点を「評価」しているだけだ。エージェントを買収しているのではなく、補償しているのだと強弁する……。

諜報機関はNSAやFBIといえども、基本的に会計検査院（GAO）の監査を受けることになっているが、それが免除される唯一の例外がCIAだ。おまけに、行政機関でありながらロビイングも日常茶飯事である。退職者の集まりである組織（AFIO）を通じてPRしたり、資金や人的交流を通じて影響力を行使している。九〇年代半ばに有力な共和党上院議員から、「作戦本部は実績ではなく、学閥や友人関係によって評判を上げようとしている」と批判された。

「安全保障」を口実に予算総額すら公表しない、行き過ぎた秘密主義の背景にも、説明責任など存在しないと固く信じる奢りがある。わずかに九七年と九八年に限って、情報公開の訴訟に対応して総額を公表したくらいだ。その後も、公表すると予算の増減からプログラムの内容が判明して、敵に手の内（sources and methods）を知られる恐れがあると強弁している。個別のプログラムの予算ならともかく、十五機関の総額を公表したところで何の心配があるのだろうか。九六年の「アスピン・ブラウン委員会」の報告書でゲーツとドイッチェ、二人の元長官も含む全員が、公開しても安全保障上の危険はないと主張している。

そして、ＣＩＡには「失敗を認める」「責任を取る」という文化はない。テネット自身、副長官時代に証明しているのだから……。それは、こういう話である。ＣＩＡは、チャラビ率いるイラクの反体制派（ＩＮＣ）と共にクーデターを計画したが、ＩＮＣの指導者から、情報漏洩によってフセインに計画が伝わっているとの連絡があった。ドイッチェ長官に調査を命じられたテネットは、ＩＮＣからの情報は誇張されているとして作戦の継続を進言する。しかし数週間後、フセインはクーデターの関係者を捕らえて処刑した。本来ならばテネットの責任は大きいはずだ。

ドイッチェの機密保持規定違反事件に関しても、テネットは発覚から一年以上、何の行動も取らなかった。自分を副長官に任命してくれたドイッチェに、テネットは恩義を感じていた。司法省への公式の連絡もなく、幹部はおざなりな内部調査を黙認した。九八年に監察総監が不十分だと指摘し、調査が再開された。九九年四月、司法省は起訴しないことを決めたが、八月に監察総監の報告書が提出されると、テネットはドイッチェの機密情報資格を剝奪した。監察総監はテネットがもっと積極的に行動すべきだったと指摘する。テネットは自身の長官就任のための議会承認の準備に追われ、十分な報告も受けていなかったと弁明した。

監察総監は有名無実

そもそも、監察総監はＣＩＡ内部から登用され、有名無実だとの批判も強い。ちょうど日本企業の監査役が自社出身者で固められているのと同じだ。元同僚から恨まれるのを覚悟で、自らの古巣の欠陥を暴こうとする人物は少ない。同時テロの数カ月前に「ＣＩＡの未来は明るい」という報告書が出ていたことはすでに述べた。監察総監は無力で、不人気のポストになり下がり、長官のリーダーシップもないとあっては、自浄能力など期待できない。九五年のフランス強制退去事件でも、監察総監の任命した調査チームは作戦活動の未経験者ばかりで構成され、当事者の反論も無視されたと、事件当時のパリ支局長のリチャード・ホルムは退職後の著書で糾弾している。長官、作戦本部長と防諜部門の責任者との面会も門前払いされ、ホルムは責任を取って退職するが、後にＣＩＡで最高の勲章が与えられる。

ＣＩＡ長官が兼務する情報長官も名ばかりのポストで、諜報共同体はばらばら、各機関がいがみあっていると批判される。しかし最も非協力的なのは、実は長官のお膝元のＣＩＡなのだ。同時テロ以前、他の諜報機関がコンピューターによるネットワーク化や公開情報の利用等にこぞって賛成したなか、唯一反対したのがＣＩＡだった。しかもテネット長官がＣＩＡの意見に従ったために、日の目を見ないプロジェクトが多々あった。

失敗や責任を認めない体質はＤＩＡ（国防情報局）も同様だ。前述のコール爆破事件を警告したが無視され、抗議の辞職をしたファリスに対するその後の仕打ちをガーツが紹介している。コール事件の一カ月前に、ＤＩＡの女性アナリストが小型ボートによるアメリカ軍艦に対するテロは不可能だとする報告書を出していた。ファリスの分析と対立したが、彼がこの女性とデートしたことがあったため、私怨で片づけられてしまった。そして、ファリスがコール事件当日に辞職すると、ＤＩＡのスポークスマンは「個人的理由による退職者は毎月おり、いちいちコメントしない」と、異議申し立てを隠蔽しようとした。

（６）無関心なメディア

二大紙も無視した報告書

メディアにおいても、諜報問題は独特の世界である。秘密のベールに包まれてきたため、部外者が口を出しにくい。議論をリードするのも主にＣＩＡ退職者である。ウルジーとドイッチェという、「失われた十年」を招いた張本人が今でもコメントを求められる立場にある。

長官以下のレベルでは、古巣を悪く言うことに抵抗があったり、退職後も機密保持の誓約をしているために真実を語りにくい。むしろ八〇年代までの「黄金時代」(当人たちが思っているほどではないが)だけを知る年輩の退職者が、あたかも何も問題はないかのように論じていることが真実として伝えられる場合もある。

いま振り返ると、二〇〇一年九月までは、テロや諜報機関についてメディアの関心は驚くほど低かった。エームズ事件も一過性の話題にしかならず、その後も構造的問題を論じたメディアはほとんどない。その点では、議会と同じだった。グアテマラでの人権侵害などのPC関連にメディアの関心は限られ、揚げ足取りに終始した挙げ句、人的諜報能力の低下を後押ししてしまった。

九〇年代半ばにいくつかの諜報機関改革の提案が出された時にも、政府や議会と共にメディアは問題を放置した。メディアにも同時テロまでの「失われた五年」があり、「積み上げられた改革案」となった。メディアの怠慢もあって一般の国民にとって、諜報機関とはいつまでたっても「007」やトム・クランシーの小説に登場するジャック・ライアンの世界のままだった(CIAに好意的で便宜を図ってもらっているクランシーでさえ、人的諜報能力の欠如などの問題点をフィクションの世界で指摘していたが)。

「二十一世紀のアメリカ安全保障委員会」は、ハートとラドマンの二人の有力な元上院議員が委員長を務めて、二〇〇一年一月に最終報告書を発表した。委員会は超党派の委員十四人が満場一致で、大量破壊兵器の拡散と国際テロの継続によってアメリカ本土の安全性は失われ、市民に対する攻撃は今後二十五年の間に起こりうる、と結論づけた。そして、国土安全保障省の新設や人的諜報の強化を提案した。

しかし、何千ものプレス・リリース（記者発表）を送り、『ニューヨーク・タイムズ』『ワシントン・ポスト』『ウォールストリート・ジャーナル』の編集者とも委員長自らが会ったものの、新聞・テレビでこの話題を取り上げたところはなかった。「これは重要ではない。こんな事は起こらない」とその理由を語った有力メディアのリポーターもいた。最終報告書の公表に合わせた会見の途中で『ニューヨーク・タイムズ』の記者は退席し、同紙はテロの危険を訴えるハート、ラドマン両委員長の寄稿の申し出も断ったという。

『ワシントン・ポスト』の諜報問題担当のバーノン・ロウブは、「過去五年間に、外国人によるテロよりもサソリに刺されて死んだアメリカ人の方が多い。にもかかわらず、委員会はテロリストの脅威を誇張している」と述べ、『ニューヨーク・タイムズ』はテロ専門家のラリー・ジョンソンの「テロはアメリカの直面する最大の脅威ではなく、そのように語るべきでない」とする論説を掲載、二大新聞は揃って報告書に冷や水を浴びせた。

同時テロ後のテネットに対する追及も生ぬるいが、それ以前にクリントン、ウルジー、ドイッチェ、アシュクロフト、フリーといった歴代の大統領や諜報機関のトップを責める声がほとんど聞こえないのが不思議でならない。たしかに九七年までは、保守派の『ウォールストリート・ジャーナル』もビンラディンをテロリストではなく、「サウジアラビアの裕福なビジネスマン」と書いていたのだから、偉そうなことは言えないのかもしれない。同時テロの一週間前に就任したばかりで、罪のないモラーFBI長官の辞任を要求する社説を掲載した同紙は、アメリカ政治における「スケープゴート（生贄の山羊）探し」のひどさを印象づけた。非難するべきは、テネットとフリー、そしてメディア自らであろう。

九五年という好機

一九九〇年代のアメリカは、クリントンが喝破したように「問題は経済」で、史上最長の好況に国民は満足していた。クリントンの功績か、共和党政権の遺産か、FRBのグリーンスパン議長の手腕かは定かではないが。テロよりも、アメフトのスーパー・スターのO・J・シンプソンや美少女ジョン・ベネの殺人事件、クリントンのスキャンダルに、メディアの関心は注がれていたからだ。

ただ、世間の注目を喚起する上で九五〜九六年が唯一のチャンスだった、というのが前述のディック・モリスの説である。まず九五年にはオクラホマの爆弾テロ、九六年には六月のサウジアラビアでの米軍施設へのアルカイダのテロ、七月のTWA機墜落（当初は疑われたが、後にテロではないと判明）とアトランタ・オリンピック爆弾事件が続き、世論調査でも強いテロ対策への支持が広がっていた。しかし、メディアはクリントン政権と議会同様に何も行動しなかった。

そもそも、アメリカはテロリストを公開の法廷で裁き、どのように調べて逮捕したかを敵に教えているという弱みがある。これこそ、ＣＩＡが捜査機関であるＦＢＩとの情報共有に消極的な理由の一つでもあることはすでに述べた。アルカイダとの戦争でも、メディアが足を引っ張った面もある。

同時テロ以前にＮＳＡがビンラディンの携帯電話を傍受しているという報道が行われたため、その使用をやめて原始的方法（手紙や直接の会話）に変えてしまい、行方を捕捉できなくなった例はよく知られている。同時テロを防げなかった戦犯としてこの情報をメディアにリークした政府関係者（もちろん不明）を糾弾する声もある。八〇年代にもＮＳＡがイラン外務省と出先の大使館の間の通信を傍受していることを、すっぱ抜きで有名なコラムニストのジャック・アンダーソンとＣＢＳが報道して、以後は傍受できなくなった。そして、ベイルートのアメリカ大使館爆破事件の捜査にも支障を来した。

ちなみに、本書でも何度か引用したビル・ガーツは保守派新聞として知られる『ワシントン・タイムズ』の記者であり、ＰＣＩＡという造語の作者でもある。彼は著書『裏切り――いかにしてクリントン政権はアメリカの安全保障を脅かしたか』で、クリントン政権のでたらめを批判しているが、次期大統領へのアドバイスとしてこう記している。「アメリカにとって最大の戦略的な脅威は、ヨーロッパ南部やサダム・フセインが支配するイラクではなく、国際的なテロでもない。戦略的な長距離ミサイルの危険性である。最も深刻なこの脅威が解決できなければ、国家安全保障問題を担当する軍人および文民の官僚は、ほかの諸問題に取りかかることができない」。彼もブッシュやラムズフェルドと同じだった。

さらに、二〇〇二年に出版した『崩壊――いかにして諜報の失敗が九・一一を招いたか』で、翌年七月に公表される議会合同調査委員会報告書の内容をスクープしていたが、これはブッシュ政権がリークした疑いがある。ガーツは『ワシントン・タイムズ』で北朝鮮の船がドイツから化学兵器用の物質を運んだと報じた。イラク戦争が始まると、フランス政府と企業がイラクを支援しており、フランスが戦争に反対したのも密かにフセイン体制を支援していたためだと批判している。独仏両国ともガーツの報道を否定したが、ネオコンがガーツを使って、イラク戦争反対派の独仏両国に対する偽情報を流した疑いが強い。

罪なき者はだれもいないのだ。

6章　ブッシュの「改悪」

(1)　責任追及よりも第二のテロ対策

超党派か、馴れ合いか

未曾有の惨事に見舞われた同時テロ後のアメリカで政治的課題として優先されたのは、「責任追及と真相究明」よりも「第二のテロ対策」だった。元内閣情報調査室長の大森義夫氏は「(テロ) 発生後の対応がよかったのはブッシュ政権が発足して八カ月、フレッシュな正気があったからだ (中略)『CIAトップの責任追及よりも先ずテロ犯人の処罰、テロ背景の壊滅へと総力を動員する』との最高方針決定も正気がもたらした適切な措置だった」と、アメリカの姿勢を評価している。アルカイダ幹部の半数以上は逮捕ないし殺害され、少なくとも百の計画が阻止され、一億ドル以上のテロリスト資産が凍結された。なにより、アメリカ本土でのテロは起きていない。

しかし、国土安全保障省の新設、アフガニスタンとイラク戦争での勝利に国民とメディアの注目が集まったため、結果的にブッシュ政権への責任追及の声が弱まった。独立調査委員会への対応も合わせて考えると、ブッシュ政権はイラク戦争と同じく、同時テロ問題でも情報操作を行ったのではないかと言いたくなる。

議会もシェルビー、リーバーマン両上院議員のような以前からの批判派を除くと、責任追及によって、自らも返り血を浴びる恐れが強い。そのシェルビー議員も、テロ前日にNSAが傍受した有名な「明日が決行だ」というアルカイダの通信をメディアにリークした「犯人」だということが、非公開の諜報委員会で明らかにされ、その事実も公になったために信用を失ったはずだったが、現在は歳出委員会に「栄転」している。一方、上下合同調査委員長でCIAのOBゴス下院諜報委員長（現CIA長官）は、FBIを使って調査委員会のメンバーを捜査させ、自ら調査を露骨に妨害した。後述のイラクの大量破壊兵器に関する「リーク・ゲート」でも、「ワシントンでリークは日常茶飯事であり、それよりも党派政治の方が安全保障を脅かす」と民主党を攻撃した。

本来は監視役の議会は諜報機関の代弁者であり、一九九〇年代後半に理由もなく予算を増額して諜報機関の改革機運は失われた。「トリツェリ・ルール」で人的諜報能力を低下させ、セクシー（魅力的）な「ハード重視」の予算を作ったのも議会だ。クリントン（民主党）とブッシュ（共和党）を追及すると両党共に傷つくことになるので、議会はさらに及び腰になる。

諜報委員会は二十五年にわたって「超党派」を堅持してきた例外的存在で、悪く言えば馴れ合いだった。しかし二〇〇三年末、あるメモの存在が一大騒動を引きおこす。そのメモとは上院諜報委員会のロックフェラー副委員長（民主党）の側近が作ったものだが、同委員会での議論を利用して、大統領選挙を控えたブッシュと共和党攻撃を行うというものだった。「超党派」の終わりを告げるものと考えてよかろう。

同時テロの責任追及と諜報機関改革を実行すべき議会は、二〇〇四年の大統領選挙との絡みもあって党派政治で身動きがとれない状況に陥った。開戦前にブッシュ政権や諜報機関は、間違った情報を流し、その結果アメリカを「誤った戦争」に導いた、と議会は二〇〇三年になって攻撃した。しかし、開戦前に機密文書の国家情報見通し（ＮＩＥ）の全文に目を通したのは一部の議員に限られた。大半は五ページの要約を見ただけである。後にこのＮＩＥは大きな問題となる。

同時テロを教訓に発足した国土安全保障省についても醜い争いがあった。二十二の機関を統合する巨大省庁のため、議会の委員会、小委員会が上下両院で八十八にものぼった。もちろん、既存の委員会は縄張りを維持しようとした。幸いにも監視のための新しい委員会が両院に一つずつという理想的形に落ちついた。しかし、既存の委員会も権限を主張した結果、議会の会期中、毎日一・五回の議会証言と十以上の議会スタッフとの打ち合わせに忙殺されている。

各委員会の利益が錯綜しているため、一貫した政策の形成も妨げられている。三百七十億ドルの予算をめぐって、利益団体が動きだした。テロ犠牲者の家族は当然としても、港湾関係者、公務員の労働組合、化学業界、コンピューター産業がロビー活動をした。下院国土安全保障予算小委員会のロジャース委員長は、テロの標的になりやすいニューヨークではなく、自分の地元を含む地方に予算を回すように国土安全保障省に命じた。リッジ国土安全保障省長官の下には、自分の選挙区に契約を取りたい下院議員が殺到した。

以上のように、「罪なき者、石を投げよ」となれば、だれも責任追及の声は上げられない。同時テロの責任追及は「パンドラの箱」になってしまった。

世論調査によると、アメリカ国民は意外にも諜報機関やクリントン、ブッシュ両政権に寛大だ。

つまり、クリントン、ブッシュの両政権、そして諜報機関にできることはもっとあったし、テロは察知できたと考える人が多数派なのである。しかし、過去を詮索しても致し方ないし、政治の道具にされることへの懸念も強い。イラク大量破壊兵器開発についても、二〇〇四年の大統領選挙までは、ブッシュ政権の情報操作は成功していた。いずれにせよ、世論の反応は結果として、関係（責任）者には好都合である。

ただ、テロ被害者と遺族は黙っていられない。彼らの抗議によって、二〇〇一年十二月に議会が上下両院合同調査委員会の発足を決めたのはいいが、問題は人選だった。調査を指揮する事務局長に指名されたのはブリット・スナイダーなる人物で、彼は議会スタッフとして同僚だったテネットからCIAの監察総監に任命された長年の友人だ。しかも、監察総監の退任にあたって、テロの数カ月前に「CIAは良好な状態にあり、未来は明るい」と報告した。調査委員会がCIAを批判すれば、監察総監としての自らの無能を認めるようなもので、彼の指名は茶番だった。結局、二カ月後に何もしないうちに「個人的理由」を口実に辞任した。運営方針への疑問に加えて、スパイ容疑で調査の対象となっているCIA職員をスタッフに選任したことから、辞任を余儀なくされた、とメディアは報じた。

後任には弁護士で元国防総省の監察総監エレノア・ヒルが選ばれた。急遽集められた三十人のスタッフが、六カ月と期限が切迫している中で膨大な文書と格闘するという、理想とは程遠い調査になった。七〇年代のチャーチ委員会には百五十人ものスタッフがいた。そもそも議会は客観的第三者とは言えず、この委員会の中立性への批判も強かった。

PDB閲覧要求で委員会とホワイトハウスが対立

また、議会が提案した第二弾の独立委員会による調査に、当初は反対していたブッシュ大統領はやっと二〇〇二年秋に同意し、年末に発足した。正式名称は「アメリカに対するテロリストの攻撃に関する委員会（National Commission on Terrorist Attacks Upon the United States）」である。第一弾の議会の合同調査委員会は、対象を諜報機関に限定していたが、今度の独立委員会はクリントン、ブッシュ両政権の政策を含めた、より広範な調査を行うことになり、両大統領の証言も期待された。今後のテロ対策への提言も任務とした。

委員長には大統領補佐官と国務長官を歴任したキッシンジャーが指名されたが、ここでもはじめから迷走劇が演じられる。ロビイングとコンサルティングを行っているキッシンジャー・アソシエイツの顧客との関連で中立性が問題視され、何もしないうちに委員長を辞退した。大統領が指名する役職については、通常は法律専門家が個人的な利害関係などを調査するが、キッシンジャーの名声に目が眩んで怠ったのだ。彼の怪しげなビジネスは、とかく批判が強かったにもかかわらず。

そもそも、学者および外交家としての評価は高いが、政界での華麗な経歴や人脈から考えて、キッシンジャーが誠実に原因の究明や責任追及を行うとは思えず、中立性に疑問符が付く。また、七〇年代に下院のパイク委員会の報告書で、ＣＩＡが躊躇したにもかかわらず、大統領補佐官だったキッシンジャーが違法な秘密作戦を強要したと糾弾された「前科」もある。他にも、ベトナム戦争中の虐殺への関与や情報政治化疑惑などからも、適格性を疑う声もあった。ベアーは、二〇〇二年に国防総省の国防政策諮問委員会（ネオコンの中心的人物で「暗愚の帝王」リチャード・パールが当時の委員長）が「対テロ戦争ではサウジアラビアはわれわれの味方ではなかった」と指摘した事実が公になったのは、「リークの達人」で「サウジの小間使い」のキッシンジャーの仕業だと非難している。副委員長に指名されたジョージ・ミッチェル元上院議員も、弁護士としての現在の顧客の氏名を公表するのを拒否して辞退した。ブッシュの誠意とセンスの欠如は明らかだ。

後任として、ニュージャージー州知事だった共和党のキーンが委員長に選ばれた。この委員会は共和・民主両党から十名が参加して、一年半かけて調査することとなった。しかし、共和党委員からも政府、特に国防総省が非協力的だとの不満がすぐに出た。ブッシュはウォーターゲート事件のニクソンのように真実を隠蔽しようとしている、との批判が民主党からあがる。ブッシュの盟友のロット上院議員（諜報委員会）は、独立調査委員会が要請した予算の増額とスタッフの増員を阻止した。二〇〇四年五月と期限が決まっている（後に延長）のに、十分な調査ができないとの懸念が、民主党や被害者遺族の間に強まった。

その間、クリントン、ブッシュ政権期の大統領に対するＣＩＡのブリーフィング（ＰＤＢ）

の閲覧を要求したことで、委員会はホワイトハウスと対立した。委員会の代表二名が読むことで決着するが、その一人がライス補佐官と親しい事務局長だということが分かると、遺族は再び反発した。

ブッシュは「知っていた」のか

二〇〇三年十月、委員会は声明を発表した。それによると、ハイジャック機と北米防空司令部（NORAD、アメリカとカナダの共同防空司令部）の交信記録の提出に際して、一部の資料を拒んだため、連邦航空局に対して異例の召喚状を出すことになったというのだ。国防総省にも召喚状が出され、両者共に委員会の要求には従うと答えた。

クリントン、ブッシュの両大統領だけでなく、ゴアとチェイニーの両副大統領にも、非公式な証言を委員会は求めた。クリントンとゴアは素直に要請に応じたが、ブッシュは一時間だけ、それも質問者は正副委員長のみとする条件を主張した。同時に、ライス安全保障担当補佐官を公聴会で証言させることにもブッシュ政権は抵抗する。

政権の非協力的姿勢などによって調査が遅れたことから、五月としていた報告期限を延長するよう委員会は求めたが、ブッシュは報告書が大統領選挙の最中に公表されることを回避しようと十二月と主張した（結局は七月になった）。

なお、同時テロから三年が経過しても依然として謎がいくつも残されている。被害者の未亡人がブッシュ大統領にあてた公開書簡などによると、以下の通りである。同時テロ後の暴落を見越したような、前日の九月十日のユナイテッド航空株の不自然な売り。ブッシュ大統領はワールドトレード・センターに航空機が激突したという一報を聞いても、なぜ予定通りに小学校で物語を読んでいたか。テロリストのパスポートが見つかっているのに、二機の航空機のブラック・ボックスやボイス・レコーダーはなぜ発見されていないのか。二機の航空管制記録が公表されないのはなぜか。犠牲者の搭乗の様子を映した監視カメラの映像はどこに行ったのか。大統領の弟のフロリダ州知事は、なぜホフマン航空学校に行ってテロリストのフライト記録とファイルを回収し、それらはどこに行ったのか。同時テロの直後に航空管制官がハイジャック機との交信について証言したテープが連邦航空局によって破棄されたのはなぜか。

なぜ、同時テロのわずか二日後に十九人の犯人を特定できたのか。なぜ、テロの数日後にビンラディンの親族を含むサウジアラビア人百五十人が出国を許されたのか、尋問はされたのか。一カ月前の八月七日のPDBの公表を拒んでいたことからみて、ブッシュが同時テロが起
ことを知っていたのではないか——などである。

党の大統領候補の一人だったディーン知事も予備選中に陰謀説を示唆して論議を呼んだ。

に変化が生じたのは二〇〇四年に入ってからである。

モニカ・ルインスキーとのスキャンダルをはじめとするクリントン（およびゴア）のいかがわしさを批判して、「正直で信頼できる」ことを売り物に二〇〇〇年にブッシュは当選（得票数では負けたが）した。しかし、同時テロ後の二〇〇二年夏には七一％に達した「正直で信頼できる」という数字は、二〇〇四年に五二％と就任以来の最低に落ち込んだ。

（2）国土安全保障省とテロ脅威統合センターの新設

新たな縄張り

同時テロ後に構想が発表され、二〇〇三年二月に十七万人のスタッフと三百七十億ドルの予算を引っさげて、鳴り物入りで発足したのが国土安全保障省である。国防総省、国務省、財務省、農務省、司法省、運輸省、沿岸警備隊、連邦緊急事態管理庁（FEMA）、シークレット・サービス、移民帰化局（INS）、税関等の二十二の機関の関連部門を統合したもので、国防総省以来の五十年ぶりの巨大官庁の誕生となり、国民とメディアの関心を集めた。しかし実は、この発足にブッシュ政権は消極的で、変化を求めた議会の圧力の産物と言える。

国土安全保障省の長官は閣僚であり、初代は大統領とも親しいリッジ知事が就任した。CIAとFBIの連携不足が同時テロを許したとの反省から、独立機関として発足した国土安全保障省であったが、早々にブッシュと既存の諜報機関に骨抜きにされた。

当初の議会の構想ではテロ情報分析を一元化して行う機関という触れ込みだったが、同省には分析チームは設置されなかった。分析は失敗を繰り返してきたCIAとFBIがこれまで通りに行い、同省には結果だけが伝えられることになった。これには同時テロから何の教訓も得ていないと批判の声が強まるのも当然だ。テネット長官は、同省のアナリストはCIAの生のデータにはアクセスできないと公言し、縄張り意識を隠そうとしなかった。しかも十七万人のスタッフのうち、情報を担当するのは一%に過ぎない。のちに述べるTTIC（テロ脅威統合センター）がCIAの傘下に置かれたことで、国土安全保障省の権限、予算、諜報部門の役割がさらに限定されたため、発足と同時に専門家の間で失望の声が上がった。

同省はテロの警戒情報を提供し始めているが、巨大な寄り合い所帯であるがゆえに、順調に行っても期待通りに機能するには時間がかかる。特に第二のテロに備えながらの作業だ。議会の期待を集めたにもかかわらず、発足以来二十五年が経過しても一貫したエネルギー政策を持っていないエネルギー省の二の舞になるのではとの危惧も聞こえてくる。発足から二年経過したが、ブッシュ政権に批判的な有力経済学者のクルグマン教授は、国土安全保障省には何の成果もないと言う。むしろ国土安全保障省の新設によってテロ対策が阻害されたとの見方さえある。

続いて、二〇〇三年のブッシュ大統領の一般教書演説で発表されたのがテロ脅威統合センター（TTIC）だ。TTICはFBIとCIAのアナリストを中心として六十人で発足し、以後三百人に増員される。こちらは情報分析を行う機関で、名前が示す通りに同時テロの反省から、CIA、FBI、国防総省等の全ての情報を一元化し、国内外および各機関の隙間を埋めようとしている。TTICが共通のデータベースを作り、どの機関もアクセス可能にして、情報の共有が可能になり、テロ警戒情報と分析も提供する。TTICの設置について、CIAは予想通り自らの傘下におくことを主張して実現したが、本来は国土安全保障省に設けるべき性格だ。二〇〇四年六月にTTICのトップは、CIAなどが経験のあるスタッフの供出を拒否するため、任務を果たせないとテネットに抗議した。TTICで机を並べていても、重要な情報が届くと、CIAとFBIから来ている者は各自別室に行きパソコンで見る。国土安全保障省からのスタッフは締め出された、という証言もある。

このTTICと国土安全保障省の関係も不明確で、前者が後者に情報を伝える保証はない。TTICがCIAやFBIから必要な情報を受け取れるかも分からない。CIAとFBIも、生の情報の共有に関する制限を設けるよう、従来どおりの主張を繰り返した。従来も不充分だった情報の共有が、新たな機関が加わることでさらに困難になり、縄張り争いが激化するだけの「改悪」になる恐れが強い。ただ、CIAの対テロセンターが機能しなかった反省から、T

TICがCTCとFBIの対テロ部門と同じ場所に設置されたのは一応評価に値する。

二〇〇三年十二月には、テロリスト・スクリーニング・センター（TSC）も発足した。CIAが規則に定められた国務省への通報を怠ったため、同時テロ犯二名がTIPOFFに載せられず、入国を許してしまったことはすでに述べた。TSCのスタッフは国務省、司法省、国土安全保障省から集められ、司法省傘下に置かれた。従来は九つの省庁による十二のテロリスト用監視リストが併存し、内容もまちまちだったが、これで統一されることになった。しかし、各機関が情報を出し惜しみせずに提供する保証は依然としてないし、TSCも本来は国土安全保障省に置かれるべき性格であり、第一ラウンドでTTICをCIAに取られた司法省の縄張り意識の現れとも言え、ブッシュ政権には縄張り争いに終止符を打つ意思がないことが証明された。

(3) 焼け太りして変わらないCIA

PATRIOT法の成立

諜報機関の予算は相変わらず非公開だが、同時テロ直後に二〇%増加して三百五十億ドル、その後は四百億ドルに達したと見られ、CIAも四十七億ドルに増額された。同時テロ直後には、市民の自由を奪うとして行き過ぎだとの批判も強い「対テロ法」（頭文字を取って通称PATRIOT〔愛国者〕法）が成立し、FBIも電子メールの傍受が可能となった。制度上、FBIが収集した証拠をCIAも共有できる。CIAは暗殺についても「規制緩和」された。まるで、予算不足や規制が原因で同時テロを防げなかった、と言わんばかりだ。

『ニューヨーク・タイムズ』は、同時テロ以降の諜報機関が「驚くほど根本的には何も変わっていない」と指摘しているが、これまでの歴史を見れば、何も〝驚き〟はない。

イラク北部で反フセイン運動を行うクルド愛国同盟（KPU）は、同時テロ後に十五人のアルカイダを捕虜にした。『ニューヨーカー』誌も取材に訪れたのに、CIAをはじめとしてアメリカの諜報機関は尋問にさえ来ていないと、KPUはあきれた。旧ユーゴスラビアでテロリストと関係のあるエージェントをリクルートしようとした女性オフィサーが、その「関係」ゆえに本部から接触を禁止されたと、退職後の著書で糾弾した。

イラク戦争後ににわかに注目を集めた「情報の政治化」も、以前から始まっていた。元CIAアナリストは、「今のCIAの分析は客観的ではない。テネット長官が、ブッシュ政権の都合のいいように情報を加工しているからだ。現場の士気は落ちている」と批判した。同時テロ後も好意的なブッシュに迎合し、テネットが保身を図ったのだ。アフガニスタンで捕虜を尋問中、暴動で殺されたジョニー・マイケル・スパンは、氏名が公表されたが、これもテネットの点数稼ぎとの批判が内部から出た。つまり、同時テロでの失態を隠すため、アフガニスタンでの最初の死者がCIAであることをアピールして、先頭に立って危険を冒す愛国者としてイメージアップに利用されたというのだ。スパンの葬儀も大々的に報じられ、死後に昇進した。しかし、慣例によって終身の未亡人への年金が一年限りとされたことは報じられなかった。この事実はメールで局内に広まり、局員たちの寄付が集まった。上層部はコンピューターの私的利用で主導者を懲戒処分にすることで応じた。

依然として「裸の王様」の作戦本部

失敗も責任も認めない体質も変わっていない。

独立調査委員会に対する非協力的な態度は共和党議員からも批判されたほどである。調査を受けるCIA職員の匿名性は確保されず、調査委員との名刺交換すら禁止された。そもそもテネットが留任していてはまともな調査など期待できない。テネットがいる限り、彼の目を意識する部下たちは長官を守るために、書類を隠し、証拠も破棄することも辞さないとの声もある。テネットは「諜報活動を経験していない者に批判する資格はない」と開き直る始末で、報告書で批判されることが明らかになった段階でついに辞意を表明する。

二〇〇四年夏に「吠えない番犬」CIA監察総監の報告書は、アルカイダの脅威を正しく分析せず、予算と人員を適切に割り当てなかったとして、異例にも同時テロ前の幹部の責任を指摘した。しかし、CIAでは同時テロ後も処分はおろか、大きな人事異動すら行われていない。予算も権限も拡大してCIAは満足していることだろう。後は時間の経過と共に同時テロの失敗を国民が忘れるのを待つだけでいい。イラク大量破壊兵器問題で失態を演じた核兵器アナリストは罰せられるどころか、ボーナスを受け取ったことも、ケイ調査団長は暴露した。情報本部は一九九六年に組織の簡素化によって風通しをよくしようとしたが、官僚主義の壁に阻まれて、現場のアナリストと長官の間は八つもの階層で隔てられたままとなっている。

ウッドワードの『ブッシュの戦争』にも、興味深いエピソードが紹介されている。同時テロの三週間後、二〇〇一年十月一日、アフガニスタンに潜入しているCIA工作チームの指揮官から、本部に評価報告書が送られた。「こちらの状況に鑑みて、（アメリカの）軍事行動開始後数日もしくは数週間で敵は中核のオマル師支持者のみに縮小し、タリバンの崩壊が加速する可能性がある」。これに対して、「でたらめにもほどがある！」と、作戦本部の古株の専門家が罵声を浴びせた。タリバンが粘り強く戦う敵で、アメリカの攻撃によってパキスタンからの志願兵もオマル師の下に結集するというのが作戦本部の見通しだった。わずか数カ月後にタリバン政権は崩壊した。どちらが正しかったかは言うまでもない。現場の声を聞かず、自らが正しいと信じる官僚の集まりとなった「裸の王様」作戦本部の姿を象徴するエピソードと言えよう。

イラク戦争でも、CIAがフセインの居場所をつかんだとして予定よりも早く開戦し、初日にピンポイント爆撃を行い、翌月にも同様の情報に基づいて攻撃したが、共に失敗。結局、終戦から半年たって懸賞金による密告でフセインを拘束したが、冷戦期の「ウォーク・イン」頼みと同様とも言えよう。また、イラク政府と軍の幹部に対する寝返りを誘う携帯電話・Eメール作戦も成功したとは言えない。そして、ブッシュ大統領が戦闘終結を宣言したにもかかわらず、アメリカ兵に対する攻撃が頻発し、戦争での死者は予想外に少なかったが、戦後の死者が予想外に多く、合計で湾岸戦争を上回ってしまった。ビンラディンは同時テロから三年が経過しても行方がつかめない。

結局、一九九〇年代から分かっていたことだが、イラクにおいても人的諜報能力の欠如を印象づけた。九六年のクーデター失敗で人的諜報網は壊滅し、イラクには支局と呼べるものは存在しなかった。イラクでの作戦に従事したベアーによると、九〇年代半ばには本部の作戦班についても「見かけ倒し」になっていた。三十五人の局員の一〇%はアルコール依存症、一〇%はお荷物、四〇%は契約で復帰した退職者、残りは人的諜報に関心のない者だった。二〇〇三年、イラクで活動しながら一人のエージェントもリクルートしていない同僚が、本部で高い評価を受けているのを知って驚いたと退職した作戦本部員は述べている。

CIAが人的諜報で信頼できないため、国防総省お気に入りの亡命イラク反体制派で悪名高いチャラビが重用された。ヨルダンで詐欺の告発を受け、アメリカからの援助の不正使用も疑われているチャラビを、CIAと国務省は信用していなかった。ベアーも初対面の印象を「サダムを追い落とすのに、これ以上らしからぬ人物を想像するのは難しい」と、高級なスーツと腕時計を身につけ、豪華なランチの食べすぎで太ったチャラビを評している。二〇〇四年五月にはチャラビの自宅が家宅捜索され、彼の率いるイラク国民会議への援助が打ち切られた。一時は首相候補とさえ目されたチャラビは、イランにアメリカの機密情報を流していたとの疑惑まで浮上して、アメリカ政府から絶縁された。

テネット長官は二〇〇四年二月、イラクでの人的諜報が周辺的なレベルにとどまっていたため、大量破壊兵器問題でも正しい評価ができなかったと述べた。イラク戦争前のブッシュ大統領の説明と異なり、CIAがイラクの大量破壊兵器関連施設についての全ての情報を国連に提供していなかったことも認めた。

上院の報告書は、CIAが自らの予想に反したり、他の機関から提供された情報を軽視し、異論を唱える者に対しては情報源を秘匿したと結論付けた。特に、生物兵器に関する重要な情報提供者、コードネーム「カーブボール」は一度尋問しただけで態度が急変し、全く信用に値しないレベルだった。対テロ・センターの東南アジア部門でも、半数がこの地域について全く経験がなく、日本や中国専門家が配属され、三分の一は新人という体たらく。語学のスペシャリストは一人もいなかった。

作戦本部と情報本部のストープパイプも変わっていない。イラク大量破壊兵器問題でも、分析を担当する情報本部が、情報源がチャラビのＩＮＣ（イラク国民会議）に関係する亡命者であることを知らされなかったのが、判断を誤った一因となった。作戦本部は情報源の安全を守るためというのを大義名分にするのが常套手段だが、フセイン政権打倒のためにアメリカに戦争をさせたいチャラビの情報だと知っていれば、情報本部は慎重に評価しただろう。作戦本部は情報源をコードネームで示したり、同一人物をあたかも複数の情報提供者のように見せかけた。

（４）ＦＢＩは変化したか

「パーソン・オブ・ジ・イヤー」に選ばれた内部告発者

同時テロでの失敗の責任も改革の必要性も認めようとしなかったテネットに対して、モラーＦＢＩ長官は公式に「ＦＢＩは変わらなければならない」と認めた。ただ彼が就任したのが同時テロの直前だったので、基本的に責任追及の対象にはならず、失敗や改革の必要性を認めやすい立場にあるとも言える。

モラーは、これまではワシントン、ニューヨーク、ロサンゼルスにしかなかった諜報部門を国内五十六の全支局に設けた。しかし、三千人もの犠牲者が出ても、テロ対策よりも伝統的な犯罪捜査優先という意識がFBIの現場には根強く、モラー長官の改革への意気込みは空回りする。二〇〇二年十一月に『ニューヨーク・タイムズ』は、FBIの最高幹部の一人がこれ以上の捜査官や予算をテロ対策に回さないよう命じたと報じた。犯罪が起きた後に行動するという長年の習慣が身についている捜査官に、起きていないテロを予想して摘発するという変身は難しい。そこで、モラーは五十歳以上の捜査官の多くを退職させているが、同時テロ後の三年間にテロ対策部門のトップが五人も異動ないし退職するなど迷走が続いている。同時テロ後の二百件のテロ容疑のうち、本当に「クロ」だったのはわずか数件に過ぎない。二〇〇四年三月のスペインでの列車同時爆破テロでも、指紋照合の誤りによって、無実の弁護士を拘束してしまった。

テロ対策での失敗の隠蔽工作を行ったとしてモラーへの批判の声も出た。議会には同時テロ後のFBIの対応に失望して、対テロ部門を他の機関に移す法案が提出された。ギルモア（前バージニア州知事）委員会（「大量破壊兵器を含むテロリズムへの国内的対応能力を評価するための諮問パネル」、一九九八年発足）も同様の提言を行った。前述のTTICは議会のFBIへの不満の産物でもある。さらに、進んでイギリスのMI5のような国内専門の諜報機関の新設を求める声も出始めている。しかし、本来は国土安全保障省が担うべき国内での対テロ部門をFBIは手放さなかった。二〇〇五年三月に出た「大量破壊兵器に関する調査委員会」の報告書も、FBIを組織改革し、諜報部門を国家情報長官の下に移すべきだとしている。一方では、地方レベルでは、テロ対策への人員の異動によって、犯罪捜査が手薄になるとの反対論も出ている。

同時テロにつながる情報を本部に送りながら、握りつぶされたとして、後に長官に内部告発を行ったミネアポリス支局のコリーン・ロウリーは「勇気ある内部告発者」として「パーソン・オブ・ジ・イヤー」に選ばれ、『タイム』の表紙を飾った。彼女は五人の子供と専業主夫を抱え、年金受給資格を得るまであと二年という立場にもかかわらず、職を賭けてまで内部告発した。CIAやFBIに蔓延する保身主義とは対照的だ。そんな彼女には内部からの反発も強く、期待された独立調査委員会での証言もFBIは認めなかった。

二〇〇二年十月にFBI内部監査部門の幹部ジョン・ロバーツは、テレビで「間違った行為をした幹部が同時テロ以降も昇進している」と語った。七月には、スパイがいる疑いがあるとの内部告発を無視された女性が不当に解雇されたとして司法省を訴えている。FBIはその事実を認め、上院司法委員会に厳しく批判された。同時テロで崩壊したワールドトレード・センターのがれきから発見された遺品の選別作業で、十三人の捜査官がティファニー製品などを持ち出していた不祥事も発覚した。FBIの体質も簡単には変わりそうもない。

コンピューターシステムは未だ化石のまま

二〇〇四年にも二件の同様の事件が発覚する。二〇〇二年はじめに、アメリカの白人至上主義団体が外国のテロリスト・グループを支援しようとしているとの情報をつかんだ捜査官が、組織への潜入を志願した。上層部は彼の情報源の信頼性を傷つける文書を偽造してまで、その計画を潰して退職に追い込んだが、彼は実名で内部告発した。語学専門家として契約勤務していた女性が、同じく二〇〇二年に内部告発への報復として解雇されていたと訴えた。彼女によると、同時テロ関連の重要な情報についていい加減な翻訳をしたり、自らの知人が関係する情報を翻訳しない者たちがいて、友好国に不都合な情報も店ざらしにされることがあるという。司法省の報告書は、内部告発の報復として彼女が解雇された事実を認めた。

同時テロ後もTTICの主導権をめぐってCIAと相変わらずの縄張り争いを繰り広げたし、国土安全保障省に対しても非協力的だ。議会合同調査委員会の報告書も、連邦航空局（FAA）から派遣されている連絡要員を、情報を要求しすぎるとしてFBI本部から排除しようとしていると批判した。FBIは自らのテロ容疑者リストをTTICに提供することを拒否し、TSCに統合したとの証言もある。最新の調査でも放射能爆弾事件の情報をCIAに伝えなかったことが判明した。

『ニューズウィーク』は、アラビア語の翻訳者が二百人へと五倍になったものの、FBIの伝統的な官僚主義と外国人嫌いの体質が、ムスリムや外国出身者の採用を阻んでいると報じた。モラー長官はアルカイダ関連の盗聴記録の翻訳を十二時間以内に行うよう指示したが、三六％は実行されていないことが二〇〇四年の内部調査で発覚し、特別捜査官の中で外国語が話せるのは七％（八百人）にとどまっている。

「化石」とまで酷評されたコンピューター・システムの近代化も進まない。いまだにFBI捜査官は機密保持設定したメールを国土安全保障省に送ることができない。二〇〇五年はじめに『ニューズウィーク』が報じたところでは、前年末からハッカーに機密事項を含むメールを盗み見られていた疑いがあるという。加えて、一億七千万ドル（二百億円）を投じたコンピューター・システムも廃棄されるもようで、モラー長官は「私ほど腹を立て、失望する者はいない」と嘆く始末だ。

また、二〇〇三年四月に女性実業家カトリーナ・レンが中国の二重スパイ容疑で逮捕された。レンからの情報は大統領にも伝えられていたという意味でも、エームズ事件と同じく打撃は大きい。そして、FBIは二十年間も彼女に捜査協力の見返りに百七十万ドル（二億円）の報酬を支払ってきた。さらに、彼女は長年の愛人の元FBI捜査官スミスのかばんから機密書類を盗んで、中国に渡していた。別の中国に対するスパイ疑惑でFBIが誤認逮捕した、国立ローレンス・リバモア研究所の保安担当幹部だったFBI職員とも愛人関係にあったという。一九九一年にFBI本部はレンが中国諜報部員と許可なく接触し、情報を提供していると疑ったが、愛人のスミスが身元を保証した。スミスはレンと関係があることを隠し、本当は検査を拒否したのに嘘発見器に彼女が合格したと偽った。FBIはその後も彼女を使い続けた。エームズとハンセンの事件から教訓を学んでいないことが明白だ。

二〇〇三年五月には、九六年アトランタ・オリンピック爆弾テロの犯人が逮捕されたが、巡回中の新人警官がホームレスらしき男を連行したのが思わぬ逮捕劇となった。最重要指名手配者でありながら七年にもわたって逮捕できなかったのだ。二〇〇一年の炭疽菌事件も〇二年八月に元陸軍研究所員の家宅捜索まで行ったが、未解決である。

クリントン政権下のレノ（司法長官）とフリー（FBI長官）の時代と同様、第一期（二〇〇一〜〇四年）ブッシュ政権のアシュクロフト（司法長官）とモラー（FBI長官）の不仲もささやかれた。FBIのスポークスマンのごとく振る舞い、仕事をしているとアピールするのに熱心なアシュクロフトがFBI長官で、モラーが副長官のような印象を与えた。同時テロの四カ月後には、ウェブスター元FBI長官がアシュクロフトに苦言を呈したが、大統領選挙での宗教右派の支持への見返りとして指名された司法長官には以前から適性を疑う声があった。同時テロに関してテネットを責める声が小さいのに、「改革者」モラーに対して大新聞が辞職を求めたのは皮肉だ。さらに、二〇〇四年五月には、国土安全保障省のリッジ長官を差し置いて、アシュクロフトとモラーがアルカイダがアメリカでテロを計画していると発表した。アメリカでのテロ対策および国民への情報提供のために国土安全保障省を新設したのに、リッジ長官は無視されたと批判を集めた。

(5) 独走するラムズフェルドと迷走したテネット

ミニCIA

同時テロから三年が過ぎ、アメリカはアフガニスタン・イラクとの「対テロ戦争」を二連勝で飾った。そのせいか同時テロの失態は忘れられつつあり、諜報機関はますます誤った方向に進んでいることは知られていない。

新設の国土安全保障省とTTICをめぐる縄張り争いに加えて、国防総省が横車を押し始めた。軍の幹部が冷戦思考に囚われているとして改革を進めるラムズフェルド国防長官は、CIA(およびDIA)も信用していない。

ラムズフェルドは、まず二〇〇二年に情報担当の国防次官のポストを新設して、情報長官テネットの権威を低下させた。これは、前年に大統領諜報諮問委員会が「積み上げられた改革案」で繰り返し提案されてきたＤＣＩの権限強化を支持したことへの挑戦状と解釈された。上下両院軍事委員会も既得権益を守るために、ラムズフェルドを支持して、スコウクロフトの提案を握りつぶした。ラムズフェルドは二〇〇一年十月に密かに戦略影響室（ＯＳＩ）を新設していた。表向きは「テロ組織に対抗する」ためのものだったが、実際には偽情報を流す組織との批判を浴びて、翌年二月に廃止に追い込まれる。

二〇〇二年末には、「ミニＣＩＡ」とも呼ばれる特別計画室（Office of Special Plans）が国防総省に設けられた。特別計画室にはラムズフェルド長官の側近が集まり、諜報機関もどきの分析グループを作り、ＣＩＡはそこにデータを提供するだけの下請けになって、都合のよい情報だけをつまみ食いし、微妙なニュアンスや疑問は切り捨てられた。イラク戦争をめぐる「情報の政治化」疑惑はこうして生まれたのだ。「八方美人」のテネットはラムズフェルドに全く抵抗しなかった。

二〇〇二年八月に、ラムズフェルドやウォルフォウィッツ副長官と並ぶタカ派として知られる、ファイス次官以下数名の国防総省のメンバーがＣＩＡを訪れた。テネット、ＣＩＡの幹部とアナリスト二十名、ＤＩＡ長官が同席した。ＣＩＡが収集した証拠を使って、ＤＩＡのアナリストにイラクとアルカイダの関係を再分析させたのだ。その結果、両者の関係は一九九〇年代前半に遡り、かつ深いものだとの結論になった。ＣＩＡの従来の見解とは対立するものだったが、テネットは反論しなかった。

二〇〇四年秋、アルカイダとイラクの関係について、否定的なＣＩＡの見解を覆す情報を捜し出すためにファイスが任命したマイケル・マルーフが国防総省を退職した。マルーフは度重なるリークで取り調べを受け、セキュリティ・クリアランスを剝奪されていた。

ラムズフェルドは、ＣＩＡの任務である人的諜報にもＤＩＡを進出させようとしている。従来は軍人が各国の大使館の武官として情報収集を行ってきたが、対テロ戦争のためには、ＣＩＡ同様に民間人に偽装する必要があるというのだ。

（6）「ウラン・ゲート」から「リーク・ゲート」へ

チェイニー副大統領が興味を示したもの

二〇〇三年のイラク戦争の理由として挙げられていた大量破壊兵器の開発、イラクとアルカイダとの協力が共に終戦後になっても証拠が得られず、情報操作疑惑が生まれた。開戦前から民主党はイラクがアメリカに対して脅威となる大量破壊兵器を持っているというブッシュの主張にやや懐疑的だった。二〇〇二年九月、テネットは上院外交委員会でのブリーフィングで、強化アルミニウム管をイラクが輸入したのが、濃縮ウランの精製に必要な遠心分離機の建設の証拠だと指摘して、大統領を擁護した。

十月には民主党の求めに応じて、九十ページにも及ぶ国家情報見通し（NIE）が出された。通常はホワイトハウスの要請で準備され数カ月を要するのに、今回は数週間で作成された。そして、フセインがアフリカのニジェールからウラン酸化物を入手しようとしていたという情報もイギリスからもたらされた。CIA、エネルギー省、国務省情報調査局（INR）は懐疑的だったが、大統領が毎朝読む重要文書のPDBでも報告され、二〇〇三年一月のブッシュの一般教書演説にも挿入されてしまった。じつは、大統領もライス安全保障担当補佐官も、このNIEの全文を読んでいなかったという。「聖書以外の活字は読まない」と呆れられたブッシュはともかく、ライス補佐官の態度は信じられない。

これが、終戦後に「ウラン・ゲート」と呼ばれる問題に発展した。証拠とされていたニジェール政府の文書は、外相の名前は十年も前に退任した人物というレベルの低い偽物だった。そして、CIAはウラン購入が事実でないことを知りながら、一年間も隠していたとの疑いが強まった。

この情報に真っ先に興味を示したのは、強硬派のチェイニー副大統領だった。そのため、二〇〇二年二月CIAがニジェールに調査チームを派遣して、同国首脳に事情聴取を行っていた。その結果、疑わしき事実はないと判断され、三月にホワイトハウスにも伝えていたのだった。

しかし、翌二〇〇三年七月になって、テネットが責任を認めた。ＣＩＡは一般教書演説を事前にチェックしていたが、ウラン購入に関して、ニジェールという国名を削って「アフリカ」にトーン・ダウンし、イギリス諜報機関からの情報と出所が明記されていたために、自らに責任は及ばないと黙認したのだ。また、ホワイトハウスでは国家安全保障会議（ＮＳＣ）のジョセフ部長がウラン疑惑の挿入を強く主張した責任を認めた。ライス安全保障担当補佐官も「点検過程に問題があった」と自らの責任を認め、大統領への追及を回避した。

ニジェールでの調査を行ったのは元駐ガボン大使のウィルソンだった。ところが、二〇〇三年七月に保守派のロバート・ノバクが、ウィルソンの妻がＣＩＡであることをコラムで明らかにした。コラムは、ウィルソンの妻は大量破壊兵器に関する業務を行い、「二人の政権高官によると、彼女が夫をニジェールに派遣するよう提案した」と述べている。民主党はホワイトハウスがリークしたのではないかと疑い、ＦＢＩが「リーク・ゲート」の捜査を始めた。

民主党によれば、このリークの真意は、ウィルソン大使の信頼性を傷つけ、政権の方針に逆らう者には容赦しないという脅しだという。ウィルソン自身も『ニューヨーク・タイムズ』に寄稿して、ブッシュ政権が彼の現地調査の報告書を無視して、開戦を正当化するために情報を歪曲したと批判した。そして、エネルギー関係のコンサルタントとして民間人に偽装（ＮＯＣＳ）していたウィルソン夫人や協力者の安全も脅かされたと述べた。

ホワイトハウスはリークした犯人として疑惑の対象となったカール・ローブ大統領上級顧問（大統領の右腕で、第二期は次席補佐官）をはじめ三人とも無実だと否定している。また、共和党に言わせれば、ウィルソン大使の調査も一〇〇％は信用できないし、民主党のケリー大統領候補のアドバイザーに就任した彼こそ、ブッシュ政権批判に政治的に利用しているという。これまでのところ、「犯人」は明らかになっておらず、騒動の震源地であるノバクもお咎めなしだ。一方で、ジャーナリストとしての倫理を守って、捜査の過程で情報源を明らかにしなかったために、『ニューヨーク・タイムズ』と『タイム』の記者が法廷侮辱罪で有罪判決を受けており、ホワイトハウスは事件を悪用して反対派を弾圧しているとの不満の声が上がっている。

ブッシュは二〇〇〇年の大統領選挙中、「ホワイトハウスに名誉と信頼を回復する」と述べ、クリントンを批判していた。一方の民主党は、ブッシュの任命した司法長官とFBIでは誠実に捜査できないとブッシュを批判し、クリントンの不倫問題と同じく特別検察官が調査にあたるべきだと主張した。結局、アシュクロフト司法長官は、十二月になってフィッツジェラルド・シカゴ連邦地検検事正に捜査を委ねて、司法省は関与しないことになった。ただ、司法副長官と親しい友人であることから独立性を危ぶむ声もあった。

チェイニー副大統領はイラク戦争前に十回もCIAを訪れて、無言の圧力をかけていた。大統領と共に毎朝CIAのPDBのブリーフィングを受ける副大統領が本部を訪れるのは異例だ。チェイニーはINC（イラク国民会議）から情報を直接入手したことはないと述べているが、『ニューズウィーク』は彼の側近が大量破壊兵器やテロリストとの関係について報告を受けていたと報じた。

同じくネオコン（新保守主義者）のウォルフォウィッツ国防副長官、ファイス国防次官からもCIAに同様の圧力があった。ウォルフォウィッツは、有名な「チームB」のメンバーであり、「前科者」でもある。一九七〇年代半ば、一部からソ連の脅威を過小評価していると批判されたブッシュ（父）CIA長官は、外部のタカ派からなる「チームB」を編成し、機密情報を与えて、CIAのアナリスト（「チームA」）と競争させた。当然ながら、「チームB」は「チームA」が過小評価しているとの報告書を提出した。しかし、その後のソ連崩壊という歴史的事実が示したように、「チームA」でさえ過大評価していたのであって、「チームB」が真実からさらにかけ離れていたのは明白だった。

一九九八年までCIAは、自らのイラクについての評価に満足していた。しかし、それ以降はラムズフェルド等の警戒論者（ミサイル防衛派）の圧力に屈していった。そして、イラク以上にミサイル開発の進展が脅威であるはずのイランと北朝鮮に対する関心が低下した。

結局、テネットの「情報の政治化」によって、CIAの士気が低下したことが大きい。CI

Aの何人かのアナリストは、政権に都合のよいように情報の政治化を行えという圧力を感じたと証言したと『ニューヨーク・タイムズ』は報じている。チェイニー、ラムズフェルド、ウォルフォウィッツは、自らに都合のよい情報と分析だけを欲しがったという。CIAのOBグループは、情報操作によって議会を欺いて開戦を正当化したネオコンを批判する書簡を送った。

パウエル国務長官はネオコンが自分たちに都合のよい情報だけを選別していないか疑い、側近にチェックさせた。そして、対イラク開戦直前の二〇〇三年二月の国連安全保障理事会では、パウエルの後ろに控えるテネットの姿があった。フセイン糾弾の証拠が穴だらけだったとしても、パウエルがさらし者にならないように、同席させられたテネットは居心地が悪そうだった。ラムズフェルドらの強硬論とパウエルの慎重論の間で迷走（追従）するテネットの姿は、大統領直属の独立した情報長官という理想からは程遠い。

二〇〇三年五月、テネットは「CIAはイラク戦争に関して、客観性と信頼性を従来どおりに堅持している」との異例の声明を発表する羽目になり、辞任説が出始めた。そして、独立調査委員会の報告書がCIAに批判的な結論をまとめ始めたと伝えられると、二〇〇四年夏になって「個人的理由」での辞任を表明した。イラクの大量破壊兵器保有を「間違いない（スラムダンク）」と断言したテネットをブッシュは慰留しなかった。

"大量消滅兵器"

第二の開戦理由であるアルカイダとイラクの関係については、同時テロ直後に伝えられたチェコでイラク政府関係者とアルカイダが接触していたという現地当局からの情報も、同国政府によって否定された（まだ、ネオコンは納得していないが）。アメリカで取り調べを受けているアルカイダ幹部は、ビンラディンがフセインと関係を結ぶことを拒否したと供述している。同時テロ犯のアタと会ったとされていたイラク諜報機関員はアメリカに拘束されて尋問を受けたが、その事実を否定した。しかし、イラク政府高官が一九九〇年代前半にスーダンでビンラディンに会ったと証言しているというのが、諜報当局者の言い分だ。

二〇〇二年十月にテネットは上院のグラハム諜報委員長に書簡を送っている。内容も「現在のイラクは、テロリストを使ってアメリカ攻撃を行うことはないように思えるが、アルカイダに対して毒ガスなどの製造方法を教え、避難先の提供と相互不可侵を話し合うことで、両者の結びつきは深まるであろう」という、ネオコンの主張に沿ったものだった。イラクとアルカイダの関係については、諜報共同体の総意とも言うべきＮＩＥ（国家情報見通し）は懐疑的だったことも終戦後に明らかになった。

イラク戦争が終わると、テネット長官は元国連イラク査察団のケイ博士をトップに指名し、大量破壊兵器捜索チームを編成した。わずかに、ブッシュが証拠と主張する生物兵器製造用とされるトレーラーが「発見」されただけだ。このトレーラーについても、反対の立場を取る国務省の諜報調査局（INR）に相談せずに、CIAとDIAは生物兵器製造用だとする報告書を出していた。INRは大量破壊兵器にもアルカイダとの関係にも懐疑的だった。結局、このトレーラーも大量破壊兵器とは無関係と判明した。『タイム』は大量破壊兵器（WMD：Weapons of Mass Destruction）ではなく、大量消滅兵器（Weapons of Mass Disappearance）だと皮肉っている。

二〇〇三年六月のメリーランド大学の世論調査によると、六二％がイラクの大量破壊兵器保有を裏付ける開戦前の証拠が「戦争を正当化するのが目的だった」としている。フセイン政権とアルカイダの関係についても、五六％が「戦争の正当化が目的だった」と答えた。

ラムズフェルドは発見には時間がかかると言い逃れたが、ウォルフォウィッツ国防副長官は「官僚機構上の手続きとして、世論が最も受け入れやすい大量破壊兵器疑惑を開戦の理由にした」と思わず告白してしまい話題となった。ブッシュ政権はイラクの石油生産能力についても、国防総省の報告書を無視して、復興費用を十分賄えるという楽観的見通しに立って、戦争への支持を取り付けようとしたとの疑惑も浮上した。

石油利権はあったのか

疑惑は続出する。

就任からほぼ二年で辞任に追い込まれたオニール前財務長官が、ブッシュが就任当時からイラクとの戦争を望んでいたという内幕を明らかにする（もちろん、ホワイトハウスはすぐに否定した）。加えて、チェイニー副大統領が二〇〇〇年末まで最高経営責任者を務めていたハリバートン社がイラク復興事業を受注していたうえに、六千百万ドル（六十八億円）の水増し請求を行っていたとの疑惑が二〇〇三年末に発覚した。ブッシュ親子とライス補佐官は石油産業と密接な関係があり、イラク戦争が大量破壊兵器ではなく、石油のためだとの疑いが当初から指摘されていたところに、ハリバートンの疑惑が拍車をかけた。

ケイ団長は調査の終了を待たず、二〇〇四年一月に辞任し、イラクに大量破壊兵器は存在せず、「われわれはみな間違っていた」と述べた。ただ、アナリストに対する事情聴取の結果、ブッシュ政権が諜報機関に圧力をかけて情報を操作したことはなかったとも付け加えた。

ケイ団長の提案もあって、この問題でも独立調査委員会（「大量破壊兵器に関するアメリカの諜報能力に関する委員会」）が設けられ、なぜ諜報機関が判断を誤ったのかを究明することとなった。しかし、この委員会も疑問だらけである。同時テロの独立調査委員会は議会決議に基づき、資料の提出や証言を求める召喚権限を持つが、大統領の命じたこの委員会にはなく、中立性も疑わしい。対象は諜報機関に限られ、政権が脅威を誇張したり、諜報機関に圧力をかけなかったかとの核心に触れる問題は任務に含まれていない。北朝鮮とイランの大量破壊兵器についての情報も再検討するとして、焦点をあいまいにして前向きなものに見せようとした。期限を大統領選挙後の二〇〇五年三月にして、大統領選挙の争点から外そうという意図も明らかだ。最近の諜報問題に通じていない九人の委員の人選についても、ロック・ジョンソン教授は失望したと述べた。さらに、同時テロの独立調査委員会は委員の利害関係が公開され、キッシンジャー委員長とミッチェル副委員長が辞任したが、今度の委員会では非公開だ。大統領と親しかったり、中東や軍事産業やカーライル・グループと関係がある委員の存在が疑いの目で見られている。

こうして、同時テロについての独立調査委員会をはじめ、大量破壊兵器をめぐっては、CIA前副長官による内部調査に加えて、上院諜報委員会、大統領諜報諮問委員会もそれぞれ調査を行っており、二〇〇四年は五つの委員会による三十年ぶりの「調査の年」となった。

二〇〇三年六月には、不信感を強めた議会（民主党）の主張によって、上院の諜報委員会と軍事委員会が諜報当局者からの聴取を行うことになった。しかし、民主党の求めた両委員会による合同審問は、共和党が「委員会の政治的利用は認めない」と拒否した。共和党に言わせると、民主党は大統領候補の議員を中心に、情報の政治化疑惑を口実にした売名行為をしている。結局、非公開で審議されることとなった。

『ボストン・グローブ』の報道によると、イラク戦争終結後のアメリカ兵に対するゲリラ攻撃も正しく警告されていた。開戦前の二月にCIAは終戦後のゲリラ戦の可能性が高く、復興活動が妨害されることを指摘したが、ブッシュ政権はCIAよりもチャラビのINCの楽観的見通しを信じてしまったのだ。そして、大量破壊兵器探しに人員を奪われて、イラクでの治安対策が疎かになっているとの不満も強い。また、アフガニスタンでビンラディンの捕捉に使われていた虎の子の無人偵察機プレデターもイラク戦争に転用されるなど、対テロ戦争の足を引っ張ることになった。

イラク戦争の開戦理由であった大量破壊兵器の捜索チームをアメリカは派遣していたが、じつは二〇〇五年一月に密かに撤退していた。つまり、大量破壊兵器は存在しなかった、いうなれば最大の開戦理由も存在しなかった、ということになる。CIAは同時テロでの失点を挽回するために、信頼性に欠ける情報源を利用し、反対意見を切り捨ててブッシュ政権に迎合したのだった。ただ、同情すべき事情もある。九一年の湾岸戦争後にイラクにおける大量破壊兵器の開発が、CIAの予想以上に進んでいたという事実。そのため、今回は過小評価しないようにとの心理も働いたのだろう。イラクは査察を妨害し、国連査察団を欺いて、禁止されている長距離ミサイル等の開発を進めていたのも事実だ。大量破壊兵器の隠蔽を疑うのは自然で、クリントン政権やアメリカ以外の諜報機関も同様に騙されていた。

「ミラー・イメージ」の失敗を繰り返してしまったと言うのは酷かもしれないが、ブッシュ政権が不都合な情報や分析を切り捨てたとの批判は免れない。

7章　ＣＩＡに革命が起きるとき

（1）独立調査委員会報告書

焦点はライス証言だった

同時テロに関する独立調査委員会の公聴会で最大の話題となったのが、リチャード・クラークとコンドリーザ・ライスの証言である。国家安全保障会議のクラークは「テロ対策の皇帝」との異名で知られ、クリントン政権では閣僚待遇の責任者だったが、ブッシュ政権では格下げされ、同時テロ後に退職した。クラークの後任もブッシュ政権の同時テロ後の対応に不満を抱いて立て続けに辞任する。クラークは政府高官としてただ一人公式に同時テロについての責任を認めて遺族に謝罪し、政権関係者からの内部告発として注目された。

彼は「ブッシュ政権がクリントン政権に比べて、テロ対策を軽視していた」と委員会証言に加えて著書でも批判した。例えば、クリントンはクラークと何度も会ったが、ブッシュは一度も会おうとしなかった。クラークが二〇〇一年一月に要請した長官級の対テロ会議は八カ月後（同時テロの一週間前）にやっと開かれた。政権移行に伴う引き継ぎの際にクラークがアルカイダの脅威を強調したが、「ライス安全保障担当補佐官（現国務長官）はビンラディンの名前すら知らない様子だった」と述べた。著書『すべての敵に向かって』は、冒頭で共和党のレーガン（一九八一～八九年）とブッシュ父の二つの政権は共にテロに報復せず、民主党のクリントンよりも弱腰だと、常識に一石を投じた。

これに対して、共和党はクラークの発言を、自著の宣伝活動に過ぎず、ケリー候補を支援して大統領当選の暁に政権入りするために民主党に恩を売り（クラークはケリーが大統領になっても、政権入りしないと約束した）、ブッシュ政権で閣僚待遇から格下げされたことを逆恨みしている、と批判した。保守派の『ワシントン・タイムズ』も、クリントン政権の最後の公式文書である二〇〇〇年十二月の『グローバル時代の国家安全保障戦略』は、アルカイダへの言及が皆無で、ビンラディンも名前が出てくるだけでテロを軽視していた証拠だ、とクラークに反論する。

補佐官は就任の際に議会の承認も必要のない大統領のアドバイザーであって、証言を強制されるのはおかしいと、ライスの証言にはブッシュ政権が抵抗した。しかし、議会や遺族の要求を拒めずに証言する。

最大の関心はテロ一カ月前のPDBの内容であり、異例にもその内容は一部を除いて公表された。それは題名が「ビンラディンがアメリカへの攻撃を決定」であるように、これまでの説明よりも具体的に警告したものだった。しかし、この文書に具体的な時期や場所は含まれておらず、可能な限りの対応はした、とライスは切り抜けた。

船橋洋一氏が「調査報道の金字塔、ピュリッツァー賞もの」と述べているように、この手の文書が党派対立などによって当たり障りのないものになりがちな中で、大統領選挙の四カ月前の七月に発表された独立調査委員会報告書は概ね高い評価を受けた。ライスの言うようにずばりそのものという情報こそなかったが、諜報機関には数々の失敗があったことを指摘した。同時テロの一カ月前の八月に「二十人目のテロリスト」ムサウイの逮捕の事実、または彼が航空機のハイジャックを計画していたことを公にしていれば、残りのテロリストたちが計画を延期しただろうとも述べている。遺族からは責任者を批判して欲しかったとの不満も聞かれた。諜報（機関）の失敗を論じたものの、政治（家）や国家安全保障会議（NSC）の責任に言及できなかったとの限界もあり、クラークも批判的だ。

ゴス長官への不信感

報告書は議会に対しても注文をつけている。上下両院合同の諜報委員会、または両院に一つずつの監視と予算権限を併せ持つ委員会にするというもので、従来の監視だけの諜報委員会が機能していなかったことを認めたものである。上院議員全員（百人）と下院議員の九五％（四百十二人）が何らかの委員会を通じて国土安全保障省に関係している現状も批判した。つまり、国土安全保障委員会に権限を集中しなければならないというのだ。これを受けて、下院は従来の国土安全保障委員会が常任委員会に格上げされ、上院では行政監視委員会が国土安全保障・行政監視委員会に衣替えした。

さらに「積み上げられた改革案」と同様の国家情報長官（DNI）の新設、さらに国家テロ・センター（NCC）の構想を提案した。ブッシュは前者については当初は消極的だったが、結局は共に了承した。

一方、二〇〇四年八月、ブッシュは議員生活からの引退を表明していたゴス下院諜報委員長をテネットの後任のCIA長官に指名した。ゴスは委員長として古巣のCIAをはじめとする諜報機関を庇護してきた人物でもある。監督者としての責任を果たさなかったとの批判に加え、イラク大量破壊兵器問題等での情報操作の張本人のチェイニー副大統領との密接な関係も懸念された。また、ゲーツ以来、CIAの実態を知る久々の長官だといっても、ゴスが七〇年代の古い体質を持ち込むとの不安もある。

民主党はゴスの登用を、超党派で中立であるべきCIA長官に最も不適切である、と酷評した。ケリーの安全保障政策や、彼が一九九七年に諜報予算の削減法案を提出したことを批判するなど、ブッシュ再選に肩入れした醜い党派政治の代表がゴスだという。しかし、国土安全保障省新設の際の審議が苦い思い出となったため、民主党は指名に反対できなかった。当時、民主党は同省職員にもスト権等の労働者としての権利を認めるよう要求して共和党と対立した。すると、共和党は「テロとの戦い」で国民が一致団結しようとしているのに、「愛国心」を欠いた民主党が足を引っ張っていると宣伝したのだった。

こうして承認されたゴス長官は、ウェブスターやドイッチェと同じ過ちを犯す。

下院諜報委員長時代の四人の共和党スタッフをCIA幹部ポストに採用したのだ。そして、長官自らは局員と接触せず、CIAの実情に疎い子飼いの彼らに対処させた。実は彼ら四人は異動の直前に、イラク大量破壊兵器問題に関してCIAを批判する報告書作成を担当したグループで、その意味でも挑発的な人事であった。共和党には、CIAは大統領選挙中にブッシュ大統領の再選を阻止しようとしたとの不満があった。イラク戦争後の占領には強い抵抗と大きな人的犠牲を伴ったが、その危険性について開戦前にCIAが正しく警告していたにもかかわらず政権が強行した、との報道があった。これが民主党びいきのCIAによるリークだと疑われた。

つぎに、二〇〇四年に出版された『帝国の傲慢』が世間の注目を集め、また波紋を呼んだ。この本は現役諜報機関高官が匿名で政権を批判したものだ。イラク戦争によってイラクがテロリストの拠点となるなどの事態の悪化は、ブッシュ政権が間違った相手と戦ったために生じたというのである。同書の出版はテネット長官を除く幹部の了承を得ており、組織的な反ブッシュ・キャンペーンでは、との疑いも持たれた。著者は後にCIAの対アルカイダ部門のトップのマイケル・ショワであると判明し、彼は退職する。

こういった一連の理由から、ゴスの長官就任前から衝突は予想されていたが、やがて現実となる。まず、ナンバー3（エグゼクティブ・ディレクター）の人事をめぐって激突する。ゴス長官が指名したのは一九八二年に退職した元CIA局員だったが、その退職理由が万引きだったことが報じられる。この人事は撤回された。ゴスは万引きの事実を知っていたが、ホワイトハウスには伝えていなかった。長官と側近は、反長官派のリークだという。ゴスは政権批判を禁じるという異例のメールを全局員に送り、「情報の政治化」宣言だとの批判も浴びる。そして、二十人近い幹部がゴス長官就任後数カ月のうちに退職するという異常事態となる。この混乱でゴスの国家情報長官就任の可能性はなくなった。

(2) 全能の「真」の情報長官と大統領

予算と人事権を握れるか

これまで述べてきたように、CIAをはじめとする諜報機関の問題点は同時テロ以前から明白であり、根深い。もはや「改革」では不十分であり、「革命」が求められている。しかし、同時テロ後のブッシュ政権の改革は「積み上げられた改革案」の水準にさえ達していないどころか、逆行している。

CIAに批判的なOBは同時テロ前に今日を見通していた。「CIAは今後も失敗を続けるであろう。有能で、賢明で、国際経験が豊富な、大統領にもへつらわない長官が登場するまでは」。外交に関心のないクリントンやミサイル防衛に夢中だったブッシュに対して、自らの職を賭してでも直言できる長官が求められる。聞かれれば答えるという「八方美人」のテネットとは正反対と言える。

CIAの「革命」の第一歩は、大統領が全幅の信頼を置く有能な人物を(国家)情報長官とCIA長官に指名することである。ドイッチェも自身の経験からか、CIA長官が成功するか否かの鍵は、大統領との関係にあると述べている。その上で、大統領自らが諜報機関の抜本的改革を宣言し、国防・国務・司法長官の抵抗を抑え、真の国家情報長官を誕生させなければならない。元NSA長官のオドムも、同時テロ後の著書などで（国家）情報長官の新設に反対する論陣を張っていた。

これは「積み上げられた改革案」のコンセンサスであり、独立調査委員会も提唱した。ブッシュは反対論を押し切って国家情報長官ポストの新設を断行したのである。国防総省と上下両院軍事委員会は、当然のように反対した。本音は既得権益を死守したいだけだろうが、イラクで死者が続出する戦闘状態の継続が口実にされた。つまり、国防長官が一手に指揮していた命令系統に国家情報長官が割り込んでくると、戦時にリアルタイムの情報が入手できなくなり、兵士を危険にさらすというのだ。結局、「国防長官の権限を侵さない」という玉虫色の決着となり、今後の運用如何によっては国家情報長官の権限が骨抜きにされる恐れが早くも生まれた。

そもそも情報長官は予算と人事権も持たなければ無力に等しい。国防総省の傘下にあるNSA、NRO、NGAの長官の任命権が、国防長官から情報長官の下に移されて、初めてこれらの三つは国家諜報機関として本来の姿になる。国家情報長官が諜報共同体の中での予算の振り替えや人事異動、情報収集や分析の優先順位の決定、完全な情報提供を命じる権限を握れば、一九四七年の国家安全保障法の精神が六十年遅れて実現される。しかし、予算の振り替えと人事異動についても国防長官が反対し、認められたのは一部に過ぎなかった。
シェルビー上院議員をはじめ、国家情報長官を閣僚にするべきだとの声は強い。しかし、閣僚待遇の長官のケーシーはイラン・コントラ事件で暴走し、ドイッチェは何もできなかった。二〇〇四年一月にカーネギー平和財団の報告書は新たな提案を行っている。情報の政治化の歴史は古く、情報長官を守るための措置として、「プロフェッショナル化」するのだ。例えば任期を六年と固定して、不正行為のない限り、大統領の一存では解任できない。大統領が指名し、上院が承認するという過程は従来通りとするが、連邦準備制度理事会の議長が検討に値するモデルだろう。

国家情報長官とＣＩＡ長官が分離されたことについての評価は分かれる。ターナー元長官などの分離派は、二つの激務を一人でこなすのが物理的に難しいだけでなく、テネットのようにＣＩＡを優遇するあまり、他の十四機関を平等に扱わずにまとめ役としての中立性を失うことを懸念する。そのために、国家情報長官は諜報共同体の運営に専念すべきだという意見だ。しかし一方で、諜報機関のトップの中で唯一大統領に直接アクセスできるという強大な影響力をもつＣＩＡ長官を兼務としてこそ、国家情報長官の権威が生まれる、という声があることも確かだ。

さらには、二万人を抱えるＣＩＡ長官に対して、そもそも五百人のスタッフしか持たない国家情報長官にパワーがあるのか、という根本的な疑問を投げかける者さえいる。新設の国家対テロ・センター（NCC）も傘下に置くため、国家情報長官が対テロ対策に忙殺されるあまり、諜報共同体をまとめる余裕がないのでは、とも懸念される。この意味でもNCCは国土安全保障省長官の下に置かれるべきだろう。TTICとTSCでは実現しなかったが、NCCは国土安全保障省にあるべきだという点で専門家の意見は一致する。権限を委譲するCIAとFBI（司法省）が同意することが、従来の縄張り争いに終止符を打った証拠となる。

諜報を軽視した歴代大統領

外交や安全保障に通じ、諜報に関する経験もあるという、国家情報長官やCIA長官に相応しい人物というのは少ない。これまでの多くのCIA長官は軽量と評され、不幸な退職を強いられており、高い評価を受けた人物は数少ない。そもそも閣僚ではないアドバイザーで政策形成にも関与できず、国防・国務長官と比べると魅力のないポストかもしれない。

九〇年代には大統領に打診されても断る人も多くなり、なり手が少なくなった。そもそもCIA長官に限らず、議会承認にあたって身上をあら捜しされるのを懸念して、公職就任に消極的な人が増えている。パウエル国務長官も、政権内のネオコンに追い出される形で一期四年で辞任した。低下したCIAの威信も考えると、あえて火中の栗を拾う愛国者の登場という僥倖を待つしかない。

ただ、諜報共同体には改革者が登場しているのも事実である。NSA長官のハイデン空軍中将は、一九九九年三月に就任すると、尊敬を集めている中堅幹部たちに自由と権限を与えて、自己点検を行わせた。「ニュー・エンタープライズ・チーム」として知られるグループは、最高幹部の刷新、戦略的ビジネス・プランの開発、全局的情報管理システムの導入、財務管理担当者の採用を提案した。情報通信産業での経験を持つ外部の専門家にも見直しを依頼し、「最も重要なのはリーダーシップ、説明責任、権限委譲であり、意思決定に関する局内の強い不満が証拠である」と指摘された。これを受けて、ハイデン長官は「改革のための百日プラン」を策定し、実行した。

NSA長官は歴代空軍中将が就き、数年間の任期で交代するのが通例だったが、ナンバー2以下の文民スタッフは何十年も勤続して既得権益を維持してきた。ハイデン長官は、「ポスト冷戦期体制への移行の障害」とメディアで名指しされていた「守旧派」の勤続三十年の女性副長官を左遷した。ハイデン長官は従来の秘密主義も転換して、情報公開にも積極的で、その成果がジェームズ・バムフォードの『すべては傍受されている――米国国家安全保障局の正体』(原著は *Body of Secrets*)である。

いずれにせよ、ドノバン(OSS)やケーシー(イラン・コントラ事件での暴走はあったが)の例が示すように大物長官は扱いにくく、大統領に信念と忍耐が要求される。さらには議会からの反発も予想される。つまり、任命権者である大統領も、権限を奪われる諜報機関と議会の反発を抑えられるだけの相当の人物でなければ、諜報機関に真の革命は期待できない。二〇〇五年二月に指名された初代国家情報長官ジョン・ネグロポンテは外交官出身で、諜報機関での経験はない。

意外なことだが、歴代の大統領は世間が考えているほど、諜報機関を重視したり、真剣に考えてはいない。二百余年の歴史の中で、諜報を理解していた大統領はワシントン、アイゼンハワー、ケネディ、ブッシュ（父）だけだという声もある。体質的に相容れない民主党はともかく、共和党も口では安全保障や外交重視と言いながら、諜報機関を軽視したり、情報の政治化を行ってきた。

ニクソンは自らの再選のためにＣＩＡを政治利用しようとして、抵抗したヘルムズ長官を更迭し、後のコルビーによってＣＩＡは破壊的打撃を受けた。民主党のカーターはクリントンと同様にＣＩＡを敵視し、ターナー長官に多数のオフィサーを解雇して人的諜報能力を低下させた。レーガンの指名したケーシー長官は大統領の盟友で実力者ではあったが、彼の暴走でイラン・コントラ事件が起こり、「トリツェリ・ルール」成立の遠因となった。

このレーガンとケーシーが率いた八〇年代のＣＩＡには活気はあったという意見も多いが、

レーガンもクリントンと同じくPDBをほとんど読まず、むしろ『ニューヨーク・タイムズ』や『ワシントン・ポスト』を愛読していた。元長官で、CIA本部に名を残すブッシュ（父）も大統領になると古巣の分析を重視しなかった。最大の危機の湾岸戦争でも「清潔な外交音痴」のウェブスターは「蚊帳の外」であり、情報の政治化も行われた。ブッシュは息子の政権下でのテネットの留任にも一役買ってしまった。

同時テロ後の「改革」を見てもブッシュ（息子）も理想の大統領からは程遠い。同時テロの責任追及や真実の解明には消極的なくせに、大統領選に向けてのテレビCMに事件直後のワールドトレード・センターの映像を使い、顰蹙を買った。独立調査委員会報告書についても、連邦航空局に対して同時テロ直前に再三の警告があったことを指摘した部分が、ホワイトハウスの反対で非公開となり、委員たちを激怒させていたことが、翌二〇〇五年に判明する。

第二期政権でも、辞任したアシュクロフトの後任の司法長官には、対テロ戦争においては捕虜の人道的取り扱いを定めたジュネーブ条約は適用されないと、拷問を容認するメモを作成した第一期ブッシュ政権のホワイトハウス法律顧問のゴンザレスを、リッジの後任の国土安全保障省長官にも同じ立場を取った司法副長官のチャトフを任命した。また、イラク大量破壊兵器問題で事実上の引責辞任し、CIA監察総監の報告書では同時テロ対策の不備も指摘されたテネット前長官に二〇〇四年十二月に「自由戦士勲章」を授けて、彼の責任をあいまいにしてしまった。諜報機関改革を妨害し、イラクでの捕虜虐待事件で二度も辞表を提出したラムズフェルドも、大統領に慰留されて相変わらず独走している。二〇〇五年一月の『ワシントン・ポスト』の報道によると、国防総省に二年前から人的諜報部門が新設され、アフガニスタンやイラクで活動していた。

今こそ文化革命を

ＣＩＡが変わるためには、作戦本部の革命は不可欠である。まず、「ＣＩＡは決して間違わない」という、自らの過ちや責任を認めない体質を改めなければならない。同時テロに関しても失敗の原因を明らかにし、責任者を処罰する。官僚主義も打破し、外国文化への理解を深めることも不可欠だ。人間になぞらえるならば、五十歳を過ぎたＣＩＡは動脈硬化を起こしており、外部からの中途採用で新しい血を入れたり、採用の慣行を変えるといった改革では不十分だ。

ロウリー・ミロイは、こう言う。ＣＩＡでは「チーム・プレーヤー」という美名の下に、特に他の諜報機関との関係で、官僚的な忠誠心が蔓延している。ＣＩＡが「わたしの手に余る」と言う時には、割り当てられた任務以外は重要な問題でも議論しようとしない体質が表れているのだ。かつて、「ＧＭ（ゼネラル・モーターズ）にとって良いことは、アメリカにとって良いことだ」と同社の幹部が豪語した時代があった。CIAは現在でもこんな体質だ。だが、同時テロで焼け太りし、予算の大幅な増額、様々な規制緩和でむしろ追い風の吹いているCIAが進んで長年の習慣や既得権益を捨てるとは思えない。このままでは、ますます、CIA（作戦本部）の問題点は深刻になるだろう。

現在は局員の三〇％が勤続五年未満の若手で構成されている。経験のない未熟者が増えてレベルが低下するのか、あるいは長年の悪習に囚われない多様な文化的背景を持つ若手が「文化革命」を起こすのだろうか。「一九五〇年代のレベルに戻るには十年かかる」、そう喝破する元局員もおり、テネット前長官も作戦本部が満足できる水準に達するのに五年は必要だと述べている。同時テロ後に退職した作戦本部のモランは、依然としてエージェントの数で評価されることに失望し、CIAはアメリカのために役立っていないと指摘する。同期の一〇％が五年以内に退職したという。

対テロ戦争の中で捕虜への虐待があったのは軍だけでなくCIAも同じだ。内部告発で軍が不十分にせよ調査と処罰を行ったのに、CIAはさらに消極的だった。

一九七〇年代のチャーチ委員会や九〇年代の「トリツェリ・ルール」の経験も、CIAには「梯子を外された」苦い思い出となり、文化革命を困難にしている。自分たちはアメリカのためによかれと思ってしたことが、違法だとの非難を浴びて、リスクを恐れるようになった。同時テロが起きて急に「官僚主義を打破せよ」「リスクを恐れるな」と言われても、失敗したらかつてのように、議会の調査やメディアの批判の対象となり、人生を棒に振ることを恐れている。威勢の良いことを言ってCIAの尻を叩いていたタカ派は、ロビイストかウォール街の重役に転進しているというのが過去の教訓だ。

ゴス以外のかつてない優れた長官の下で、特に作戦本部が思い上がりを捨てて、情報本部やCTCはもちろん、FBI・国土安全保障省・TTICに情報を伝えなければならない。目に見える変化として、同時テロについて責任者の処罰（TIPOFFへの通知を怠った者など）、OBや「回転ドア」ではない独立した監察総監の任命、予算の総額の公表が「文化革命」の証拠となろう。二〇〇四年にフランスも諜報予算を公表し、イギリス・カナダ・オランダ等の仲間入りしている。

（3）おわりに

『ニューヨーク・タイムズ』が嘆くように、諜報機関は何も変わっていない。ベアーは、「いずれほとぼりが冷めれば、九・一一は諜報共同体の失敗ではなく、勝利とみなされるようになるだろう」とのCIA幹部の驚くべきオフレコ発言を紹介している。テネットの「われわれの記録を誇りに思う」という態度は幹部に共通だ。

シェルビー議員だけでなく、オドム元NSA長官もこう述べている。「九・一一のアルカイダの攻撃を警告できなかったことが諜報の失敗ではないと繕うのは自己欺瞞である。この悲劇は諜報と政策の両方の失敗である」。ゲーツ元CIA長官も「第二次大戦以降（つまり、CIA発足以来）最悪の失敗」と認め、最近の退職者たちも相次いで著書で同意している。一九九〇年代に行うべき改革を怠り、不十分な態勢の下で、いくつもの過ちを犯した。少なくとも、世界一の予算に相応しい仕事をしたとは言えない。

ホワイトハウスでテロ対策に従事してきた『聖なるテロの時代』の著者たちは、大統領といえどもリーダーシップを発揮して、官僚機構を動かすのは容易でないことを認めている。他の大国とは違って平時に情報機関を持とうとしなかったアメリカが、真珠湾の失敗でやっとCIAを新設したように、悲劇が起きて突然、国民の注目が集まった時だけがチャンスで、同時テロもそのような千載一遇の機会だ。しかし、ブッシュの改革は的外れであるばかりでなく、諜報機関を焼け太りさせる「改悪」とさえ言える。メディアと国民の関心はアフガニスタンとイラクでの戦争に奪われた。その後のイラクの大量破壊兵器に関する情報操作疑惑も大統領選挙絡みの政争に利用された。

縄張り争いも相変わらずだ。二〇〇四年三月に上院軍事委員会のメンバーが、アメリカ本土の防衛の究極的責任を持つ機関を明らかにするよう求めたが、国土安全保障省、国防総省、CIAの見解は一致せず、回答はなかったという。本来は国土安全保障省のはずだ。同時テロ後に毎日午後五時にテネット長官の下で各機関が集まってテロ対策の会議が開かれるようになり、諜報共同体として機能し始めたと自賛していたが、ゴス長官はやめた。二〇〇五年二月に『ニューヨーク・タイムズ』は、FBIが本格的にアメリカ国内での外国人エージェント獲得に乗り出し、彼らが本国に帰った後の情報提供を受けると報じた。CIAはこれを自らの任務（CIAは国内でアメリカ人に対してのスパイ活動は禁じられている）を奪うもので、FBIにはそのような能力はないと猛反発する。同時テロ後も外国からの情報をきちんと提供していないとCIAは不満を持っていたと言うが、FBIに言わせればお互いさまだ。

大統領や諜報機関を監視すべき議会はと言えば、相変わらずの党派対立、予算と縄張り争いに忙しい。同時テロによって、諜報と共に国防予算も大幅に増えた。その中身を見ると、「国家安全保障を強化する」ために、なぜかピーナツ生産者に三十五億ドル（CIAの予算に匹敵する！）、牛乳の安定供給を「保障」するために酪農業者にも多額の補助金が与えられることになった。軍も基地内の博物館建設を予算にもぐり込ませた。国土安全保障関連の三百億ドルの予算の分捕り合戦も始まった。議員たちは本当にテロ対策に必要かどうかよりも、地元に予算を持ってくることに狂奔している。

議会改革は監視機能を弱めてきたとして、上院課報委員会の任期を八年に制限するというルールがわずかに廃止されただけである。課報委員会はこれまでの課報機関との「良好な」関係に満足しており、それを変えようとは思っていないとの声もある。前述のように独立調査委員会が監視と予算の権限をもつ強力な委員会の新設を求めた。しかし、少数の議員に権限が集中するとの理由で見送られた。下院共和党は民主党が絶対に同意しない過激な条項を二〇〇四年末の課報改革法案に挿入して、党派根性をむきだしにした。NCCに吸収されるTTICも国土安全保障省も当初の議会の意気込みとは異なった無力なものだった。

二〇〇三年七月に下院課報委員会はあのドイッチェ元長官を呼んで、イラクでの情報活動について証言させた。しかし、機密保持規定違反事件、「トリツェリ・ルール」、自らの野心（国防長官）のための戦術情報への傾斜等、同時テロの遠因を作った彼の責任を追及するべきだった。国土安全保障委員会は二〇〇五年に常任委員会に格上げされたが、縄張りを奪われる下院の運輸・インフラストラクチャー、エネルギー・商業、司法の三人の委員長が露骨に妨害した。関係する委員会を整理し、監視と予算権限を課報委員会に統合するべきだとの独立調査委員会の提言は、歳出委員会の反対で議論にすらならない。議会も変わっていない。

責任はCIAだけにあるのではない。クリントン、ブッシュ、議会、FBI、メディアも戦犯である。「罪なき者、石を投げよ」と言われれば、だれも責任を追及できなくなる。だれも責任を認めず、なにも変わっていない。アメリカの諜報機関の改革は「パンドラの箱」になってしまった。元CIAのベアーは嘆く。諜報機関に代わって、ホワイトハウスに自爆テロを仕掛けたハイジャック犯に立ち向かったのは搭乗客だった一般国民だった。そして、同時テロ以降の一年間に以前の三倍に上る十四万人がCIAに志願した。国民はいまだに諜報機関を頼りにしているのだ。

他方、こんな見方もできる。あのクリントンを二回も大統領に選び、さらに副大統領であり後継者であるゴアにも二〇〇〇年の大統領選挙でブッシュ（息子）よりも多くの票を投じたのはアメリカ国民である。つまり、五〇％前後の国民がクリントンを三度も選んだのだ。当のクリントンは何の反省もないどころか、二〇〇三年になって、大統領三選禁止を定めた憲法修正第二二条の見直しを唱えて、物議をかもした。PC、不倫の容認といい、冷戦が終わり経済（競争力）の時代であり、安全保障よりもビジネスや金儲け優先というのが一九九〇年代のアメリカの風潮であった。クリントンは「風見鶏」であり、常に世論に従って行動した。CIAの失敗は、「時代の申し子」クリントンだけでなくアメリカ国民の責任だと、「スパイ天国」の日本人が言うのは失礼だろうか。

二〇〇五年四月ネグロポンテ初代国家情報長官（DNI）が上院で承認された。彼は諜報の経験はないが、イラクなどで長年大使を勤めてきた外交のベテランである。そして秘密作戦へ関与した経験もある（それゆえリベラル派には警戒感がある）、タフな人物でテネットとは異なるタイプだ。副長官にはハイデンNSA前長官が就任した。国家情報長官の新設で権限を奪われる恐れのある軍をなだめるための人事との見方もあるが、NSA長官としての実績からその手腕に大きな期待が寄せられてもいる。

ネグロポンテの評価は最初の六カ月で決まるだろうと見られている。大統領の全面的支持のもと、従来の国防（およびFBI）長官に加えて、兼務を解かれたCIA長官の抵抗を抑え、十五の諜報機関（長官）を束ねて名実共に「諜報共同体」を成立させるか。迷走するゴス長官のCIAに同時テロの責任を認めさせ、官僚主義体質を打破できるか。

ただ、同時テロ後も諜報機関改革に一貫して受け身のブッシュは、国家情報長官の権限について立場は曖昧なままだ。それを理由に、ネグロポンテの承認以前に、複数の候補者が辞退した事実が前途多難を暗示する。国家情報長官を誕生させる議会審議の最中も牽制し続けたラムズフェルドは、ネグロポンテ着任の直前に、CIAの権限を奪う人的諜報チームを急遽作った。クリントンや（これまでの）ブッシュのような大統領の下で形式的には権限が拡大されても、国防長官に押さえ込まれ、CIA長官にはそっぽを向かれ、情報長官が国家情報長官に名称変更するだけで、ネグロポンテもテネットらのように無力な存在で終わるかもしれない。そうなれば、CIAは反省も謝罪もしないままに、予算と権限だけを拡大して失敗を繰り返し、FB

ＩのオニールとロウリーＣＩＡのベアー、ＤＩＡのファリス、ハイジャック機内で同時テロ犯と戦った無名の勇気ある人々も忘れられていくだろう。

諜報機関関連情報の入手法

【基本資料】

ＣＩＡ（www.cia.gov）、アメリカを代表する二大新聞の『ニューヨーク・タイムズ』（www.nytimes.com）、『ワシントン・ポスト』（www.washingtonpost.com）、諜報機関の予算総額を公開させた実績を持つリベラル派のアメリカ科学者連盟（Federation of American Scientists：www.fas.org）は、ニュースや公文書のデータ・ベースとして有用で、「ガバメント・シークレシー・ニュース」も参照。ロヨーラ大学（www.loyola.edu/dept/politics/intel.html）のデータ・ベースも充実している。諜報機関退職者の利益団体ＡＦＩＯ（www.afio.com）の「ウィークリー・インテリジェンス・ノーツ」は無料で三カ月前の号まで読める。雑誌『ガバメント・エグゼクティブ・ニュース』（www.govexec.com/homeland/）は、国土安全保障関連が中心。

【中間派】

雑誌では、『タイム』（www.time.com）、『ニューズウィーク』（www.msnbc.msn.com）、『ＵＳニューズ＆ワールド・リポート』（www.usnews.com）、軍事専門誌『ジェーン』（www.janes.com）の「インテリジェンス・センター」、『ジェーンズ・インテリジェンス・レビュー』（jir.janes.com）、『国土安全保障ジャーナル』（www.homelandsecurity.org/journal/）。シンクタンクでは国際戦略問題研究所（www.csis.org）。

【保守派】

雑誌ではネオコンの牙城であり、現在もイラクとアルカイダの関係を主張する『ウィークリー・スタンダード』（www.weeklystandard.com）、『ナショナル・レビュー』（www.nationalreview.com）、『インサイト』（www.insight.com）。ビル・ガーツがスクープを連発するが、ネオコンの情報操作に利用されているとも言われる新聞『ワシントン・タイムズ』（www.washingtontimes.com）は統一教会系。シンクタンクならアメリカン・エンタープライズ研究所（www.aei.org）、ヘリテージ財団（www.heritage.org）、ケイトー研究所（www.cato.org）、安全保障政策センター（www.centerforsecuritypolicy.org）。

【リベラル派】

雑誌では、セイモア・ハーシュが不定期に連載する『ニューヨーカー』（www.newyorker.com）、アメリカ科学者連盟の『ビュレティン・オブ・ジ・アトミック・サイエンティスツ』（www.thebulletin.org）、『ジ・アメリカン・プロスペクト』（www.prospect.org）。超リベラルなのは『マザー・ジョーンズ』（www.motherjones.com）。文字通りの社会主義（陰謀）史観の世界社会主義者ウェブ（www.wsws.org）。

【政府・議会】

諜報機関のＦＢＩ（www.fbi.gov）、ＮＳＡ（www.nsa.gov）、国土安全保障省（www.dhs.gov）、上下両院諜報委員会（www.congress.org）、会計検査院（www.gao.gov）も有用。

【日本語】

『Foresight』の春名幹男氏の連載「インテリジェンス・ナウ」、『タリバン』などの著作も多いジャーナリスト田中宇氏の「田中ニュース」(www.tanakanews.com)は、「アメリカン・スタンダード」に支配されがちな日本のメディアの中で貴重な情報を提供する。

【同時テロ】

真相解明を訴えるサイトは多く、同時テロの遺族を支援する「9・11究明プロジェクト」(www.septembereleventh.org)、「ディセプション・ダラー」(www.deceptiondollar.com)、「未解明の疑問プロジェクト」(www.unansweredquestions.org)、「9・11市民監視プロジェクト」(www.911citizenswatch.org)。

参考文献一覧

【書籍】

青木冨貴子『FBIはなぜテロリストに敗北したのか』新潮社　2002年
大森義夫『「インテリジェンス」を一匙』選択エージェンシー　2004年
小倉利丸編『エシュロン　暴かれた全世界盗聴網』七つ森書館　2002年
鍛冶俊樹『エシュロンと情報戦争』文藝春秋　2002年
斎藤彰『CIA　変貌する影の帝国』講談社　1985年
産経新聞特別取材班『エシュロン――アメリカの世界支配と情報戦略』角川書店　2001年
匿名『テロリスト・ハンター』アスペクト　2004年
春名幹男『秘密のファイル　CIAの対日工作』共同通信社　2000年
春名幹男『スパイは何でも知っている』新潮社　2001年
矢部武『CIAとアメリカ』廣済堂出版　1996年
アンソニー・サマーズ『大統領たちが恐れた男　FBI長官フーヴァーの秘密の生涯』新潮社　1995年
キャンディス・ディロン『FBI特別捜査官キャンディス』文芸社　2003年
ジェイムズ・バムフォード『すべては傍受されている』角川書店　2003年

ジョン・F・ケリー、フィリップ・K・ワーン『FBI神話の崩壊』原書房　1998年
セイモア・ハーシュ『アメリカの秘密戦争』日本経済新聞社　2004年
デイヴィッド・A・ヴァイス『アメリカを売ったFBI捜査官』早川書房　2003年
デービッド・ハルバースタム『静かなる戦争　アメリカの栄光と挫折』PHP研究所　2003年
ハービー・ワインスタイン『CIA洗脳実験室』デジタルハリウッド出版局　2000年
ビル・ガーツ『誰がテポドン開発を許したか』文藝春秋　1999年
ブライアン・フリーマントル『CIA』新潮社　1984年
F・W・ラストマン『CIA株式会社』毎日新聞社　2003年
ボブ・ウッドワード『ブッシュの戦争』日本経済新聞社　2003年
ボブ・ウッドワード『攻撃計画』日本経済新聞社　2004年
マイケル・ショワー『帝国の傲慢』日経BP社　2005年
マーク・リーブリング『FBI対CIA　アメリカ情報機関暗闘の50年史』早川書房　1996年
ミルト・ベアデン、ジェームズ・ライゼン『ザ・メイン・エネミー　CIA対KGB最後の死闘』ランダムハウス講談社　2003年
リチャード・クラーク『爆弾証言　9・11からイラク戦争へ』徳間書店　2004年
ロバート・ベア『CIAは何をしていた？』新潮社　2003年
ロバート・ベア『裏切りの同盟　アメリカとサウジアラビアの危険な友好関係』NHK出版　2004年
ロン・サスキンド『忠誠の代償　ホワイトハウスの嘘と裏切り』日本経済新聞社　2004年

Anonymous, *Through Our Enemies' Eyes: Osama bin Laden, Radical Islam, and the Future of America*

Bamford, James. *A Pretext for War: 9/11, Iraq, and the Abuse of America's Intelligence Agencies* (New York: DoubleDay, 2004)

Benjamin, Daniel and Simon, Steven. *The Age of Sacred Terror* (New York: Random House, 2002)

Berkowitz, Bruce D. and Goodman, Allan E. *Best Truth: Intelligence in the Information Age* (New Haven: Yale University Press, 2000)

Clarridge, Duane R. *A Spy for All Seasons: My Life in the CIA* (New York: Scribner, 1997)

Coll, Steve. *Ghost Wars: The Secret History of the CIA, Afghanistan, and Bin Laden, from the Soviet Invasion to September 10, 2001* (New York: Penguin Press, 2004)

Craig, Eisendrath. *National Insecurity: U.S. Intelligence After the Cold War* (Philadelphia: Temple University Press, 2000)

Gates, Robert M. *From the Shadows* (New York: Touchstone, 1997)

Gertz, Bill. *Breakdown: How America's Intelligence Failures Led to September 11* (Washington D.C.: Regnery Publishing, Inc., 2002)

Graham, Bob. *Intelligence Matters: The CIA, the FBI, Saudi Arabia, and the Failure of America's War on Terror* (New York: Random House, 2004)

Holm, Richard L. *The American Agent: My Life in the CIA* (London: St. Ermin's Press, 2003)

Hulnick, Arthur S. *Fixing the Spy Machine: Preparing American Intelligence for the Twenty-First Century* (Westport: Praeger Publishers, 1999)

Hulnick, Arthur S. *Keeping Us Safe: Secret Intelligence and Homeland Security* (Westport: Praeger Publishers, 2004)

Johnson, Loch K. *Secret Agencies: U.S. Intelligence in a Hostile World* (New Haven: Yale University Press, 1996)

Johnson, Loch K. *Bombs, Bugs, Drugs, and Thugs: Intelligence and America's Quest for Security* (New York: New York University Press, 2000)

Kessler, Ronald. *Inside the CIA: Revealing the Secrets of the World's Most Powerful Spy Agency* (New York: Pocket Books, 1992)

Kessler, Ronald. *The Bureau: The Secret History of the FBI* (New York: St. Martin's Press, 2003)

Kessler, Ronald. *The CIA at the War: Inside the Secret Campaign against Terror* (New York: St. Martin's Press, 2003)

Lowenthal, Mark. *Intelligence: From Secrets to Policy* (Washington D.C.: CQ Press, 2000)

Lowry, Rich. *Legacy: Paying the Price for the Clinton Years* (Washington D.C.: Regnery Publishing Inc., 2003)

Mahle, Melissa Boyle. *Denial and Deception: An Insider's View of the CIA from Iran-Contra to*

9/11 (New York: Nation Books, 2004)

Miniter, Richard. *Losing Bin Laden: How Bill Clinton's Failures Unleashed Global Terror* (Washington D.C.: Regnery Publishing Inc., 2003)

Moran, Lindsay. *Blowing My Cover: My Life As a CIA Spy* (New York: G.P. Putnam, 2004)

Morris, Dick. *Off With Their Heads: Traitors, Crooks & Obstructionists in American Politics, Media & Business* (New York: HarperCollins, 2003)

Mowbray, Joel. *Dangerous Diplomacy: How the State Department Threatens America's Security* (Washington D.C.: Regnery, 2003)

Mylroie, Laurie. *Bush vs. the Beltway: How The CIA and the State Department Tried to Stop the War on Terror* (New York: HarperCollins, 2003)

Odom, William E. *Fixing Intelligence: For A More Secure America* (New Haven: Yale University Press, 2003)

Paseman, Floyd L. *A Spy's Journey: A CIA Memoir* (St. Paul: Zenith Press, 2004)

Patterson, "Buzz" Robert. *Dereliction of Duty:The Eyewitness Account of How Bill Clinton Endangered America's Long-Term National Security* (Washington D.C.: Regnery, 2003)

Posner, Gerald L. *Why America Slept: The Failure to Prevent 9/11* (New York: Random House, 2003)

Powers, Thomas. *Intelligence Wars: American Secret History from Hitler to Al-Qaeda* (New

York: New York Review of Books, 2002)
Reed, Thomas C. *At the Abyss: An Insider's History of the Cold War* (New York: Ballantine, 2004)
Richelson, Jeffrey T. *The U.S. Intelligence Community, fourth edition* (Boulder: Westview Press, 1999)
Treverton, Gregory F. *Reshaping National Intelligence for an Age of Information* (Cambridge: Cambridge University Press, 2001)
Unger, Craig. *House of Bush, House of Saud: The Secret Relationship between the World's Two Most Powerful Dynasties* (New York: Scribner, 2004)
Weiss, Murray. *The Man Who Warned America: The Life and Death of John O'Neill* (New York: HarperCollins, 2003)
Wilson, Joseph. *The Politics of Truth: Inside the Lies that Led to War and Betrayed My Wife's CIA Identity* (New York: Carroll & Graf Publishers, 2004)
Zegart, Amy B. *Flawed by Design: The Evolution of the CIA, JCS, and NSC* (Stanford: Stanford University Press, 1999)

【論文】

北岡元「テロと米国の情報体制——9月のテロは不可抗力だったのか」2001年
Betts, Richard K. "The New Politics of Intelligence: Will Reforms Work This Time?", *Foreign*

Affairs, May/June 2004

Berkowitz, Bruce D. "Information Age Intelligence", *Foreign Policy*, Summer 1996

Russell, Richard L. "Intelligence Failures: The wrong model for the war on terror", *Policy Review*, February & March 2004

Schoenfeld, Gabriel. "Could September 11 Have Been Averted?", *Commentary*, December 2001

Shirley, Edward G. "Can't Anybody Here Play This Game?", *The Atlantic Monthly*, February 1998

Intelligence and National Security

International Journal of Intelligence and Counterintelligence

Studies in Intelligence　以上各号

【報告書】

Gentry, John A. *A Framework for Reform of the U.S. Intelligence Community* (Federation of American Scientists, 1995)

Aspin-Brown Commission, *Preparing for the 21st Century* (Washington D.C.: 1996)

U.S. House of Representatives Permanent Select Committee on Intelligence, *IC 21: The Intelligence Community in the 21st Century* (Washington D.C.: 1996)

Making Intelligence Smarter: Report of an Independent Task Force (Council on Foreign Relations, 1996)

Cordesman, Anthony H. *Intelligence Failures in the Iraq War* (Washington D.C.: Center for Strategic and International Studies, 2003)

Creating a Trusted Network for Homeland Security: Second Report of the Markle Foundation Task Force (Markle Foundation, 2003)

Cordesman, Anthony H. *Intelligence, Iraq, and Weapons of Mass Destruction* (Washington D.C.: Center for Strategic and International Studies, 2004)

Cirincione, Joseph. etc., *WMD in Iraq: Evidence and Implications* (Washington D.C.: Carnegie Endowment for International Peace, 2004)

The 9/11 Commission Report: Final Report of the National Commission on Terrorist Attacks upon the United States (New York: W.W. Norton & Company, 2004)

The Commission on the Intelligence Capabilities of the United States Regarding Weapons of Mass Destruction, *Report to the President of the United States* (Washington D.C.: 2005)

歴代CIA長官一覧

	氏名	主な前歴	在任期間
初代	ロスコウ・ヒレンケッター	海軍少将	1947－50
2代	ウォルター・スミス	陸軍中将	50－53
3代	アレン・ダレス	OSS	53－61
4代	ジョン・マッコーン	ビジネスマン、空軍次官	61－65
5代	ウィリアム・レイボーン	海軍中将	65－66
6代	リチャード・ヘルムズ	作戦本部担当副長官	66－73
7代	ジェームス・シュレシンジャー	行政管理予算局	73－73
8代	ウィリアム・コルビー	作戦本部担当副長官	73－76
9代	ジョージ・ブッシュ	下院議員、国連大使	76－77
10代	スタンズフィールド・ターナー	海軍大将	77－81
11代	ウィリアム・ケーシー	OSS	81－87
12代	ウィリアム・ウェブスター	判事、FBI長官	87－91
13代	ロバート・ゲーツ	情報本部担当副長官	91－93
14代	ジェームス・ウルジー	弁護士、海軍次官	93－95
15代	ジョン・ドイッチェ	MIT教授、国防副長官	95－96
16代	ジョージ・テネット	上院諜報委員会事務局長 作戦本部担当副長官	97－04
17代	ポーター・ゴス	作戦本部、下院諜報委員長	04－

落合浩太郎（おちあい　こうたろう）

1962年、東京生まれ。慶應義塾大学大学院法学研究科博士課程中退。現在、東京工科大学コンピュータサイエンス学部助教授。専門は国際政治学・安全保障論。編著書に『日本の安全保障』（共編著、有斐閣）『「新しい安全保障」論の視座』（共編著、亜紀書房）などがある。

文春新書

445

CIA 失敗《しっぱい》の研究《けんきゅう》

平成17年6月20日　第1刷発行

著　者　落合浩太郎

発行者　細井秀雄

発行所　株式会社 文藝春秋

〒102-8008　東京都千代田区紀尾井町3-23

電話（03）3265-1211（代表）

印刷所　大日本印刷

製本所　矢嶋製本

定価はカバーに表示してあります。

万一、落丁・乱丁の場合は小社製作部宛お送り下さい。

送料小社負担でお取替え致します。

©Ochiai Kotaro 2005　Printed in Japan

ISBN4-16-660445-7

◆アジアの国と歴史

◆経済と企業

◆政治の世界

(2005. 1) B

◆コンピュータと情報

◆サイエンス

◆スポーツの世界

◆食の愉しみ

(2005.1) E

文春新書６月の新刊

落合浩太郎
ＣＩＡ　失敗の研究

冷戦終結後、ソ連という仮想敵を失ったＣＩＡ。９・11を事前に察知しながら防げなかった、諜報機関の葛藤と苦悩の十年を検証する

445

板生《いたお》　清《きよし》
コンピュータを「着る」時代

身に着けたコンピュータが体の異常を感知して病院へ通報するなど、あらゆる分野で画期的な成果をもたらす最先端機器が開発されている

446

宮田親平
がんというミステリー

近代医学ががんに取り組んで百年余。治療するには正体を知らねばならないと、絡み合いつつ進展した治療・研究両面の歴史をたどる

447

松崎哲久
名歌で読む日本の歴史

記紀歌謡から戊辰会津の女性の辞世まで百数十首をとりあげ、斬新にして懇切な解説をほどこした、異色の文人政治家の「日本の秀歌」

448

土屋英明
中国艶本大全

わが国の文学にも多大な影響を与えた「遊仙窟」から「金瓶梅」「春夢瑣言」まで、豊潤にして淫靡な「男女相悦」の世界を案内する

449

文藝春秋刊